______________________ 님에게

0~36개월
육아용품

윤유정 지음

서사원

일러두기

* 이 책에서 추천하는 육아용품은 안전과 건강을 기준으로 선정한 초보 양육자에게 필요한 제품이다. 단, 영유아가 쓰는 제품이므로 양육자 감독하에 사용해야 한다.
* 아이의 안전과 건강에 관한 내용은 의료 전문가의 자문을 받았으나 잘못된 부분이 있다면 메일(impressives2@naver.com)로 연락하길 바란다.
* 이 책에 등장하는 육아용품 중 일부는 '프리오더'로 구매해야 한다. 프리오더 시기는 브랜드가 운영하는 인스타그램을 참고하기 바란다.
* 이 책에서 언급하는 아기의 나이는 2023년 만 나이 통일법을 따라 표기했다.
* 브랜드명은 공식 홈페이지에서 쓰는 표기법을 따랐다.
* 이 책에 등장하는 첫째는 지안, 둘째는 서안이다.

딩동!
육아 에너지를 채워줄
택배가 도착했습니다

엄마들 사이에서 '독점육아'라는 신조어가 자주 언급될 만큼 성인 둘이 붙어도 힘든 육아를 혼자서 해내는 엄마가 많다. 일과 육아를 병행하는 엄마, 남편의 야근으로 늦은 밤까지 육아를 도맡는 엄마, 양가 부모님이 멀리 사셔서 아무런 도움 없이 아이들을 키우는 엄마까지. 지금도 어디에선가 고군분투할 엄마들의 모습이 눈앞에 선하다.

나는 직장맘도 아니고, 양가 부모님이 같은 지역에 사셔서 도움을 받았지만, 부모님이 '황혼육아'로 몸이 상할까 걱정되어 자발적으로 독점육아를 선택했다(물론 양가 부모님은 시간이 날 때마다 물심양면으로 도와주셨다). 그게 문제였다. 육아는 가끔 도와주러 오시는 친정엄마에게 날카로운 말을 쏘아붙이거나 통곡할 만큼 힘들고 버거웠다. 첫째가 돌 무렵이 되어 활동량이 늘어났을 때는 지친 마음에 아이를 붙잡고 운 적도 많았다. 발로 키운다는 둘째는 '너무 바빠서 발밖에 줄 게 없다'는 뜻인 걸 이제야 알았다. 그래서 묵묵히 독점육아를 하며 아이들의 교육과 놀이까지 완벽하게 해내는 엄마들을 보면 존경한다는 말이 절로 나온다.

이런 육아 전쟁에서 나를 살리고 한 줄기 희망이 되었던 것이 있다. 바로 '택배'다. 신생아를 키우다 보면 사야 할 물품이 매일 한가득이다. 모두 필요한 물건이니 양심의 가책 없이 마음껏 결제 버튼을 누르고, 매일같이 도착하는 택배 상자도 눈치 볼 필요 없이 당당하게 열 수 있다. 아기가 쓸 물건이지만 집에 새 물건이 온다는 사실은 활기와 작은 기쁨도 주었다.

'한 아이를 키우려면 온 마을이 필요하다'라는 아프리카 속담이 있다. 그만큼 육아에는 많은 손길이 필요하다는 의미다. 요즘에는 육아에 그만큼 많은 인원을 동원할 수 없지만, 적어도 잘 산 육아용품은 양육자 한 명의 몫을 해낸다(안타깝게도 두 사람 몫은 안 된다). 그래서 나는 육아용품 지름을 적극적으로 권장한다. 아이들을 키우면서 정말 손이 딱 하나만 더 있었으면 좋겠다는 생각이 들 때 친정엄마나 시터, 남편의 도움 없이도 잘 버틸 수 있었던 이유는 나의 고마운 육아용품들 덕이다.

가계가 풍족하니 육아용품도 턱턱 살 수 있는 것 아니냐는 오해는 하지 않았으면 한다. 나는 그저 돈보다 내 건강을 먼저 생각했을 뿐이다. 잘 산 육아용품은 정가 이상의 값어치를 한다. 육아에서는 눈앞의 몇만 원을 아끼려다 건강을 잃는 것이 훨씬 큰 낭비다.

여기에 소개한 육아용품은 시간, 돈, 체력, 가끔은 정신 건강까지 챙겨주는 물건들로, 지인들에게도 적극적으로 추천한 제품이다. 나는 이 육아용품 덕분에 아이 둘을 혼자 키울 수 있었다. 이 책을 나처럼 독점육아로 힘들어하는, 남는 손이 없어 발로 아이를 키울 만큼 바쁜 엄마들에게 선물하고 싶다.

마지막으로 애 셋을 낳아 기르고도 여전히 물심양면으로 딸을 챙겨주시는 친정엄마, 손주들도 모자라 천방지축 며느리까지 돌봐주시는 시어머님, 그리고 책 출간을 부담스러워하면서도 꼼꼼히 감수해준 나의 동지 남편에게 감사함을 전하고 싶다.

육아 현장에서

윤유정 드림

CONTENTS

육아가 쉬워지는 신생아 기본템

(0~12개월)

육아의 기본 필수템

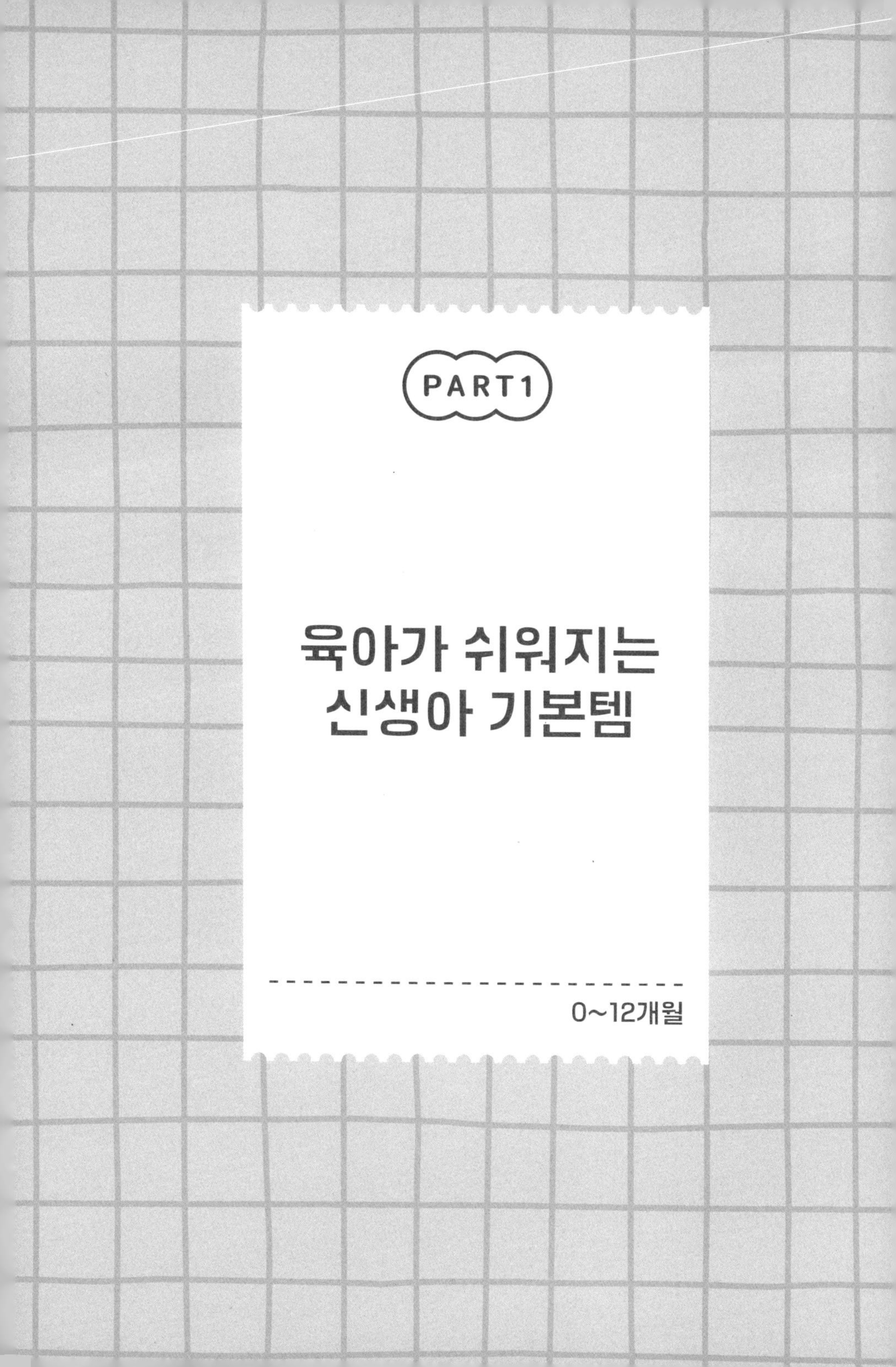

PART 1

육아가 쉬워지는 신생아 기본템

0~12개월

육아의 기본

출구 없는 쇼핑의 늪, 아기 옷

제대로 알려주는

출산 준비물 리스트

첫아이 출산을 앞두고 육아용품을 준비할 때 가장 어렵고 헷갈렸던 건 아기 옷이었다. 아니, 누워만 있는 아기 옷 종류가 왜 이리 많아? 배냇저고리만 알고 있던 나는 겉싸개, 속싸개, 보디슈트, 내복, 우주복이 외계 용어처럼 낯설었으며, 옷이 얼마나 필요한지도 잘 몰랐다. 나름대로 출산 준비물 리스트를 정리해서 구매했지만, 나중에 보니 꼭 필요한 것은 안 사고 쓸데없이 산 옷이 꽤 있었다. 누군가가 출산 준비물을 상세히 설명해주었다면 얼마나 좋았을까? 나는 비록 그러지 못

했지만, 이 글을 읽는 양육자는 계획적으로 현명하게 아기 옷을 살 수 있도록 내 경험을 전한다.

신생아 옷을 준비할 때는 먼저 아기가 어느 계절에 태어나는지 알아야 한다. 다음 표는 내 경험을 토대로 정리한 여름 아기와 겨울 아기가 갖추어야 할 최소한의 옷 종류와 개수다.

비웃을지 모르겠지만 나는 신생아에게 겉싸개가 필요한지도 몰라서 준비하지 않았다가 산후조리원에 가기 전에 친정엄마가 급히 사다 주셨다. '겉싸개'는 출산 후 산부인과에서 산후조리원으로 갈 때나 산후조리원에서 집으로 갈 때처럼 외출 시 끈으로 묶어 신생아를 감싸는 폭신한 이불이다. 신생아 때는 백일까지 외출할 일이 거의 없어 겉싸개는 하나면 충분하다.

여름 아기와 겨울 아기에게 필요한 옷

	여름 아기		겨울 아기	
종류	개수	필수 여부	개수	필수 여부
겉싸개	1	O	1	O
속싸개	5	O	5	O
배냇저고리	3	O	3	O
보디슈트	1~2	X	1~2	X
내복	1	X	1~2	X
우주복	1	X	1	O

'속싸개'는 겉싸개보다 얇은 면으로 된 한 겹짜리 천으로, 신생아를 꽁꽁 싸서 모로반사를 방지하거나 아기를 안기 편하게 여미는 데 쓴다. 잘못 사용하면 아기가 다리를 벌리지 못해 고관절 탈구를 일으킬 수 있으므로 가슴만 싸는 형태, 즉 하반신과 얼굴을 가리지 않는 제품을 선택하는 게 좋다.

속싸개는 아기를 바닥이나 쿠션에 눕힐 때 깔개로 쓰기도 하고 목욕 후 수건으로 쓰기에도 좋으며 외출할 때는 이불이나 덮개 용도로도 쓰는 만능 아이템이다. 여기저기 쓰임새가 좋아 임신, 출산 선물로 가장 많이 받는 물건이니 처음부터 많이 사지 말고 기다렸다가 5장 정도 사자.

모든 종류의 속싸개는 고정력이 낮아 아이가 뒤척이면 쉽게 풀어진다. 이때 천이 아이의 얼굴을 덮어 질식하지 않도록 주의해야 한다. 요즘에는 팔과 가슴을 묶는 스트랩이나 스트랩을 옷처럼 입는 슈트도 있고, 팔을 W 형태로 만드는 나비 모양 지

겉싸개

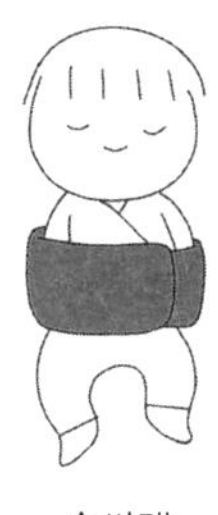
속싸개

#내 팔 좀 고정해줘요!
#안 그러면 울 거야!

퍼 슈트를 입히기도 한다.

'배냇저고리'는 목을 가누지 못하는 신생아가 입는 옷으로 바닥에 펼친 다음 그 위에 아기를 눕혀 이불 덮듯이 입힌다. 안쪽과 바깥쪽에 있는 끈을 묶어 여며야 해서 초보 양육자는 입히기 어려울 수 있다. 하지만 아기에게 꼭 필요한 옷이니 3벌 정도 준비하자. 산후조리원이나 병원에서 선물로 배냇저고리를 주기도 하니 기다렸다가 수량을 결정하는 것이 좋다.

배냇저고리와 비슷한 옷으로는 '배냇슈트'가 있다. 배냇슈트는 엉덩이를 덮을 만큼 길고 스냅 단추로 잠그는 형태라 배냇저고리보다 입히기 편하다. 다만 단추가 많으면 옷을 입힐 때 번거로우므로 단추가 적은 상품을 사자. 겨울 아기라면 다리까지 살짝 덮는 길이의 '배냇가운'도 추천한다. 길이가 발목까지 오는 우주복보다 짧아서 가볍게 입히기 좋다.

#엄마 빨리 기저귀 갈아줘!

#엉덩이 붙일 생각 말고 일해라

배냇저고리　　보디슈트

아기 목에 힘이 생기고, 옷 갈아입히기가 수월해지는 백일 전후에는 '보디슈트(맨다리가 드러나는 형태)'를 추천한다. 보디슈트는 티셔츠처럼 입히는 일체형 옷으로 엉덩이 쪽에 단추가 달려 기저귀를 갈아입히기 쉬우며 아기가 움직여도 옷이 말려 올라가거나 풀어지지 않아 돌 전까지 많이 입힌다. 다리 부분이 없어서 바지는 따로 입혀야 한다. 아기가 조금 큰 다음에 입히는 옷이니 출산 전에 미리 사지 말자.

'상하복'이라 부르기도 하는 '내복'은 돌 전후, 아기가 걷기 시작할 무렵에 많이 입힌다. 내복 역시 임신, 출산 선물로 많이 받는 용품에 미리 사두지 말고 필요할 때마다 사자. 작은 치수의 내복은 금세 작아져서 못 입을 수도 있으니 돌까지 입히는 80치수 1~2개를 취향껏 준비하면 좋다.

백일 무렵에 보디슈트 대신 따뜻한 내복을 입혀도 될까? 나

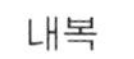
내복

우주복

#새 옷을 입히면
#왜 기저귀가 새는 걸까!
#왜 토를 하는 걸까!
#해도 해도 끝이 없는 빨래의 늪

도 출산 전에는 맨다리를 내놓고 다니는 아기들이 추울까 봐 안쓰러웠던 적이 있다. 그런데 아이를 키우면서 하루에도 여러 번 기저귀를 갈아주니 다리 부분이 없는 보디슈트가 편하다는 걸 알게 됐다.

'우주복'은 보디슈트나 점프슈트의 다리 달린 버전이다. 주로 겨울 아기들이 외출할 때 입는 옷으로 여름 아기에게는 필수품이 아니다. 발을 감싸는 형태라서 양말을 신기지 않아도 된다. 겨울 아기는 외출복으로 '패딩 우주복', 가을 아기는 얇은 '면 우주복'을 입히고 겉싸개나 이불로 감싸주면 찬 바람이 불어도 끄떡없다.

어머, 그 옷 어디 거예요?
내 아기에게 어울리는 브랜드 찾기

나는 쇼핑은 귀찮지만 예쁜 옷 입는 건 좋아하는 사람이었다. 왜 과거형으로 말하냐면 아이 옷을 살 때면 하루에도 몇 시간씩 인터넷 쇼핑을 하느라 정신이 없는 나를 발견했기 때문이다. 세상에! 아기 옷은 예쁜 게 너무 많다. 그래서 나는 미리 여러분에게 '아이 옷 쇼핑의 세계에 온 것을 환영한다'고 말해주고 싶다. 다음은 재미로 보는 '아이 옷 쇼핑력 테스트'다.

아이 옷 쇼핑력 테스트

	질문	체크
1	아동복 브랜드를 3개 이상 안다.	
2	옷을 싸게 사는 법을 알고 있다.	
3	개인통관고유부호를 발급 받았다.	
4	직구(해외에서 파는 상품을 직접 구매) 경험이 있다.	
5	직구할 때 할인 받는 방법을 안다.	
6	배송대행지를 사용해봤다.	
7	국가별 무관세 통관 금액을 안다.	
8	아동복 해외 편집숍을 3곳 이상 안다.	
9	프리오더로 옷을 구매한 적이 있다.	
10	오픈 런을 해봤다.	
11	아이가 태어나기 전에 미리 사둔 옷이 있다.	
12	해외 유명 아동복 브랜드와 유사한 스타일의 국내 브랜드를 안다.	
13	'롬퍼', '푸퍼', '스케이팅 스커트'가 무엇인지 안다.	

진단

0~2점: 지갑을 닫은 당신, 아이 옷 쇼핑에 관심이 없네요.

3점 이상: 환영해요! 아이 옷 쇼핑에 첫발을 들였군요.

7점 이상: 아이 옷 쇼핑을 웬만큼 즐기시는군요.

12점 이상: 당신은 진정한 아이 옷 쇼핑 고수!

'에이트 포켓eight pocket'이라는 말이 있다. 출생률이 점점 낮아지면서 아이 한 명을 위해 부모, 양가 조부모, 삼촌, 이모 또는 고모도 지갑을 연다는 의미의 신조어다. 최근에는 이를 넘어 지인까지 포함한 '텐 포켓ten pocket'이라는 표현도 등장했다. 아이를 위해서라면 아낌없이 지갑을 여는 세태에 따라 성인복 못지않은 소재와 디자인의 아동복이 등장했다. 사정이 이러하니 해마다 옷 값도 덩달아 오른다. 결론은 애 옷 사는 데 돈이 많이 든다는 이야기다.

그렇다고 지갑을 닫을 수도 없다. 예쁜 옷을 입힐 수 있는 시기는 눈 깜짝할 새니 말이다. 4살을 기점으로 아이는 제법 '아가 티'를 벗기 시작한다. 그러면 조막만 한 깜찍한 옷과는 이별이다. 게다가 내 취향과 사심을 담은 옷은 48개월까지만 입힐 수 있다. 자아가 생기면 자기 취향대로만 입으려 하고, 캐릭터가 그려진 유치한 옷만 입으려 들지도 모르니까. 그러니 엄마들이여! 이 귀한 시기를 마음껏 누리자.

나는 첫째와 둘째에게 여러 가지 브랜드 옷을 입혀봤다. 아기 옷은 자고로 알록달록하고 귀여운 게 최고라는 생각으로 첫째는 '모이몰른moimoln'을, 직구에 입문한 뒤로는 '보덴BODEN'과 '스마포크Småfolk'를 즐겨 입혔고, 둘째는 상큼발랄한 스타일이 어울리지 않아서 댄디한 스타일의 '블루독BLUEDOG', 해외 브랜드 중에는 색감이 차분한 편인 '보보쇼즈BOBO CHOSES', '디 애니멀즈 옵저버토리The Animals Observatory', '타오TAO'와 유사한 브랜드를 입혔다.

입히고 싶은 스타일이 분명하면 옷 고르기가 한결 쉽다. 그래서 취향에 맞는 아동복 브랜드를 쉽게 찾을 수 있게 표를 준비했다.

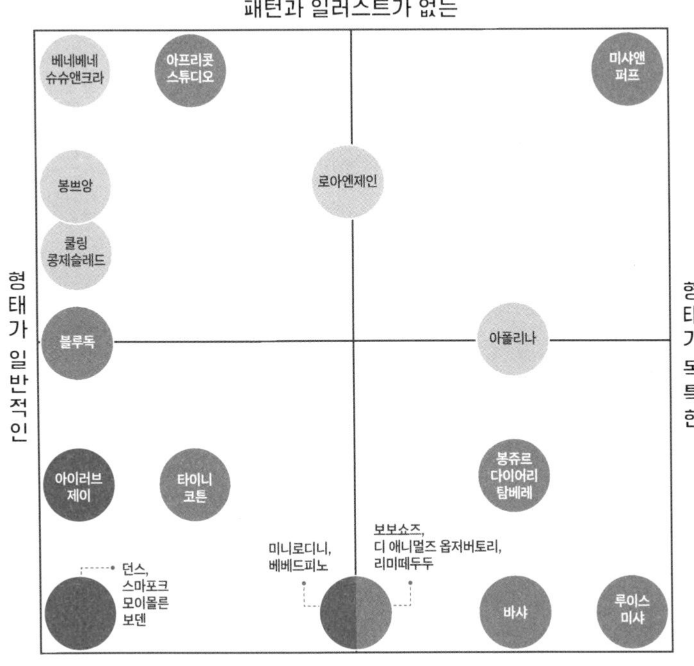

이 표는 아이에게 다양한 브랜드의 옷을 입혀보고 그린 스타일 지도다. 여기에는 인기 브랜드부터 특징이 분명한 브랜드까지 양육자라면 알 법한 대중적인 브랜드를 주로 넣었다. 이것을 참고하면 내가 좋아하는 브랜드와 유사한 스타일의 다른 브랜드를 찾기 쉽다.

패턴이나 일러스트를 거의 쓰지 않은 단순한 스타일의 브랜드, 무늬나 일러스트가 많은 브랜드를 나누어 배치했다. 옷의 형태가 고전적이고 특징이 도드라지지 않은 스타일의 브랜드와 독특하며 실험적인 형태의 옷을 만드는 브랜드도 구분했다. 높은 채도를 많이 쓰는 브랜드와 파스텔, 무채색 계열의 낮은 채도를 많이 사용하는 브랜드도 색으로 구분했다.

이 표에는 신생아부터 영아(베이비 라인) 옷을 주로 만드는 브랜드와 유아(토들러), 어린이(키즈)까지 만드는 브랜드가 섞여 있으니 아이가 어릴 때 입던 브랜드와 유사한 스타일을 찾기 좋다.

온라인 쇼핑몰이 보편화되기 전에는 많은 사람이 아이 옷을 남대문에서 샀다. 회현역 6번 출구 근처 아동복 거리에는 1980년대생이라면 알 만한 '부르뎅', '마마 아동복'이 여전히 영업 중이다. 남대문 쇼핑의 장점은 치수 확인이 쉽고, 저렴하며, 바로 구매할 수 있다는 것이다. 단점은 일요일이 휴무이며 아이를 데리고 가기 힘들다는 것이다.

24개월 이하인 아이와 함께 쇼핑하고 싶다면 접근성이 좋고, 교환이 쉬운 백화점으로 가자. 그다음에 해외 브랜드 편집숍에서 다양한 옷을 구매해 입혀본 뒤, 치수가 확실하고 취향이 확고해지면 직구와 프리오더로 발을 넓혀보자(이때는 교환 및 환불이 어렵다).

요즘은 해외 브랜드 못지않게 국내 제품도 디자인과 품질이 우수하며 가격 면에서도 합리적이다. 요즘 뜨는 국내 디자이너 브랜드는 '아프리콧 스튜디오APRICOT STUDIOS'와 '리미떼두두Limitedoudou'로 두 곳 모두 프리오더로 구매하고 몇 달을 기다려야 제품을 받을 수 있지만 탄탄한 충성 고객을 보유하고 있다. 아프리콧 스튜디오는 오프라인 숍이 있어 직접 옷을 보고 구매할 수 있다.

온라인 쇼핑을 즐긴다면 남대문 보세 제품을 모아둔 '우트aout', 작은 규모의 브랜드를 한 번에 볼 수 있는 '앤키즈', 저렴한 제품을 판매하는 '무무즈MOOMOOZ'와 '오즈키즈OZKIZ', '키디키디kidikidi'를 구경해보자. 요즘은 구매 루트가 예전보다 훨씬 간편해졌으니 직구도 겁내지 말자. 그래도 직구가 어렵다면 편집숍인 '베이비샵BABYSHOP'과 '알렉스앤알렉사alexandalexa'를 추천한다. 웬만한 유명 해외 브랜드가 모두 모여 있고, 주문 방법이 간편하며 한국어 지원이 된다. 단 두 곳의 프로모션과 가격이 조금씩 다르니 잘 살펴볼 것!

#내 옷은 안 사도

#아가 옷은 사게 되지

#지갑은 텅텅, 통장도 텅텅

우리 애는 80? 90?
실패 없는 아이 옷 치수 고르기

치수를 고를 때 해외 브랜드 옷이 고르기 더 어려울 것 같지만, 알고 보면 국내 브랜드가 더 어렵다. 국내 브랜드에는 아동복 치수 표기법이 3가지나 있다. 호수 표기법, 키를 기준으로 나눈 표기법, 영문 사이즈 표기법이다. 일부 브랜드는 3가지 외에 자체 표기를 쓰기도 한다. 브랜드마다 표기법이 다르니 종종 치수를 잘못 사는 일도 생긴다. 너무 복잡하다면 아동복 편집숍 앤키즈 대표님이 공유한 아이 옷 치수 선택 팁을 참고해보자.

아이 옷 치수 선택 팁

치수	호수(호)	키(cm)	몸무게(kg)
XS	3	80~85	~10
S	5	85~95	10~15
M	7	95~105	15~17
L	9	105~115	17~20
XL	11	115~125	20~25
JS/XXL	13	125~135	25~30
JM	15	135~140	30~35

하지만 이마저도 딱 들어맞지는 않는다. 이럴 때는 약간 큰 치수를 선택하는 편이 낫다. 나는 실수로 너무 큰 옷을 사면 교환하지 않고 다음 해에 입힌다.

직구할 때는 해당 사이트에서 제안하는 치수를 선택하자. 물론 브랜드와 옷마다 제각각이지만 대체로 웹사이트에 기재된 치수가 아이들 체격과 크게 다르지 않다. 해외 사이트에서는 2y, 3y와 같이 나이로 표기하니 이를 보고 구매하면 된다.

백화점에는 '미니부띠끄Miniboutique'나 '리틀그라운드Little ground'와 같은 직구 아동복 편집숍이 입점해 있어서 입어보고 살 수 있다. 매장 직원에게 유행 아이템을 추천받거나 스타일링 팁도 얻기 좋다. 나는 '봉주르 다이어리Bonjour Diary'의 직원이 알려주는 팁을 따라 아이 치수보다 큰 블라우스를 사서 치마처럼 입혔다가 아이가 컸을 때 블라우스로 입히기도 했다.

소중한 내 돈, 함부로 쓸 수 없지
1,000원이라도 저렴하게 옷 사는 방법

어떤 옷이든 싸게 사는 법은 시즌 오프를 노리는 것이다. 시즌 오프라 해도 두 계절이 바뀌기 전에 파는 거라서 몇 달만 참으면 20~60퍼센트 할인된 가격으로 옷을 살 수 있다. 요즘은 겨울에 여름옷을 팔고, 여름에 겨울옷을 파는 역시즌 할인이나 계절 사이에 이전 계절 상품을 세일하는 미드 시즌 할인도 있다. 원하는 브랜드의 인스타그램이나 뉴스레터를 구독하면 할인 정보를 쉽게 얻을 수 있다. 브랜드마다 시기는 조금씩 다르지만 SS시즌(봄, 여름) 오프는 빠르면 6월 중순부터 7월까지, AW시즌(가을, 겨울) 오프는 11월 중순부터 12월 말까지 이어진다.

브랜드 공식 홈페이지에서 나눠주는 쿠폰을 사용하는 것도 저렴하게 옷을 사는 방법이다. 유명 직구 브랜드 할인코드를 모아놓은 사이트도 있다. 이곳에서 사용 가능한 것을 찾아보자. 운이 좋으면 20퍼센트까지 할인받을 수 있다. 이전에는 해당 사이트에서 할인 코드를 하나씩 대입해봤지만, 최근 마이크로소프트 에지Microsoft Edge는 인터넷 쇼핑을 하면 결제 시 자동으로 쿠폰을 찾아주는 기능을 만들었다.

환율이 높을 때 직구하면 평소보다 비싸게 옷을 사는 셈이니 이때는 편집숍에서 국내에 수입해 판매하는 동일 제품(네이버에 제품명을 검색)이나 유사한 디자인의 다른 국내 브랜드를 이용하자.

직구할 때는 외국으로부터 반입되는 물품에 대한 관세와 부

마이크로소프트 에지 쿠폰 찾기 기능

가세를 지불해야 한다. 관세는 미국 200달러, 그 외 국가 150달러를 초과하는 물품 구매 시에만 납부하며 그 이하라면 자가 사용 목적으로 인정되어 세금을 내지 않아도 된다. 그러니 되도록 면세 한도 내에서 구매하자. 그보다 비싼 물건을 사는 경우 세금을 미리 계산해보고 직구할지 말지 결정해야 한다.

관세 = 상품가 관세청 고시환율

부가세 = (과세가격+관세)×10%

관세는 네이버의 '관부가세 계산기'나 관세청의 '예상세액 조회'에서 확인할 수 있다. 다음 그림의 네이버 관부가세 계산기 예시를 보면서 150불짜리 패딩을 구매했을 때 세금을 계산해보자. 무게는 0.5킬로그램이라고 넣었다.

관부가세 계산기 예시

과세가격은 환율에 따라 다르지만 관세청 고시환율(매일 달라지므로 확인 필요)에 상품가를 곱해 계산하며(247,946원), 총 납부액은 관세(과세가격의 8퍼센트)와 부가세(과세가격+관세의 10퍼센트)를 더하면 된다(46,615원). 부가세는 구매하는 사이트에서 미리 징수하는 경우가 많다. 관세 계산 시 국제 배송료는 포함되지 않는다.

예쁘면서 실용적인 턱받이

유행 따라 기능 따라 진화하는 턱받이

낙천적인 성격에 밥도 잘 먹고 잠도 잘 자고 말도 빠르고. 또래 중에서 배변 훈련도 가장 먼저 시작한 둘째는 육아 난이도 최하인 순한 아이였다. 분수처럼 쏟아지는 침만 빼면 말이다. 이가 나올 무렵 연신 침을 흘리는 바람에 어린이집에서는 늘 턱받이를 2개 이상 보내달라고 당부하곤 했다. 첫째도 침을 흘렸지만 둘째는 끊임없이 침을 흘려 하루에 턱받이를 5번 이상 갈아줘야 했다.

아이는 집중할 때도, 가만히 있을 때도 침을 흘렸다. 처음에는 그저 침 양이 많고 이가 나는 시기여서라고 생각했지만, 시간이 흘러도 나아지지 않아 턱에 문제가 있거나 섭식 장애가 있는 건 아닌지 남편과 의논도 했다. 평소 음식을 입에 문 채 잘 삼키지 않는 습관도 있어서 시간이 지나도 달라지지 않으면 소아정신과에 가보기로 했다. 하지만 우려와 달리 둘째는 30개월쯤부터 침을 흘리지 않았다.

턱받이는 일반적으로 이가 나오는 생후 6개월 전후에 사용한다. 이가 날 땐 잇몸과 침샘이 자극받아 침이 많이 나오므로 침독이 오르지 않게 자주 닦아주고, 옷이 젖지 않게 턱받이를 해주는 게 좋다.

그렇다고 턱받이를 출산 전 미리 사둘 필요는 없다. 가제 수건을 쓰다가 양이 많아지면 그때 구매하는 걸 추천하는데 간혹 침을 거의 흘리지 않는 아기도 있기 때문이다. 나는 둘째 때문에 턱받이를 자주 샀는데 그중 일부를 지인에게 선물로 주었다. 그러나 그 지인의 아기는 침을 거의 흘리지 않아 잘 쓰지 않았다고 한다.

우리 아이가 침깨나 흘리는 아이라서 턱받이를 여러 장 사야 한다면 귀여운 액세서리처럼 아기를 꾸며주는 용도로 활용해 보자. 턱받이라고 꼭 못생길 필요가 있나? 가제 수건이나 밋밋한 턱받이를 사기에는 세상에 예쁜 턱받이가 너무 많지 않은가!

턱받이를 고를 때는 기능을 충족하되 어느 옷에나 어울리는

무난한 색상과 디자인을 선택하는 게 좋다. 가격은 개당 1만 원 내외, 넉넉한 크기의 턱받이를 선택하자.

첫째는 침이 많지 않아 저렴한 턱받이를 사서 끼워줬더니 목이 따갑다며 착용을 거부했다. 여름에는 통기성이 좋은 메시mesh 소재의 턱받이를 끼워줬는데 다른 턱받이보다 두꺼워 오히려 답답해했다. 턱받이는 아이들이 종일 끼고 있어야 하므로 목에 닿는 부분이 부드러운 소재인지, 침 흡수가 잘 되는지 꼭 확인해야 한다. 기능이 나쁘면 아무리 예뻐도 손이 가지 않기 때문이다.

침을 많이 흘리는 아기라면 5중 거즈 제품을 선택하자. 5만 원이 넘는 고가의 턱받이는 상전처럼 모셔두는 장식용으로 전락할 수 있다. 아이가 침을 많이 흘린다면 자주 갈고 빨아야 하므로 적당한 가격대로 여러 개를 사는 게 좋다.

싸고 예쁘면서 내구력도 좋은 턱받이를 소개합니다

내가 써본 제품 중에 추천하는 브랜드는 '베리 아일랜드VERY ISLAND', '로로베베ROROBEBE'와 '르누누lenunu'다. 베리 아일랜드는 알록달록한 패턴을 좋아하는 양육자에게 추천한다. 길이가 약간 짧아서 침을 많이 흘리지 않는 아이에게 적합하다. 로로베베와 르누누 턱받이는 앞면은 잔잔한 패턴의 면 소재이고 뒷면은 테리 원단이다. 테리terry는 수건과 같은 도톰한 재질이라서 흡수력이 좋다. 이 원단으로 만든 턱받이는 대부분 둥근 형태에 예쁜 로고가 박혀 있는 게 특징이다. 근래에는 '어 노트 프롬A NOTE FROM'과 '얼스 디 아카이브EARTH THE ARCHIVE' 제품이 눈에 띄는데 얼스 디 아카이브 리퍼 상품을 할인가로 판매할 땐 줄을 서야 할 정도로 인기가 높다. 주로 채도가 낮아 무심한 듯 멋스러운 색감이며 어떤 옷에도 잘 어울리는 심플한 디자인이 특징이다. 귀여운 디자인을 찾는다면 '떼떼 패브릭te'te fabric' 제품을, 액세서리 느낌을 원한다면 '스펠리에spellier'의 자수 턱받이를 추천한다. '빌리BILY' 는 그 둘의 중간 정도 스타일이다.

앞서 소개한 일반적인 둥근 형태의 턱받이 외에 '스카프빕'도 있다. 스카프빕은 펼치면 삼각형 모양으로 목도리처럼 두를 수 있어 환절기나 겨울에 보온 용품으로 제격이지만 여름에는 통풍이 잘 되지 않아 아이가 덥고 답답해할 수 있다. 개인적으로 턱받이는 일반적인 형태로 사용하고 스카프빕은 스카프로만 활용하는 걸 추천한다.

#가만히 있어도 침이 줄줄줄

#폭포가 따로 없네

#수도꼭지인가?

즐거운 외출의 시작, 기저귀 가방

쪼그만 게 챙길 건 왜 이리 많담?

보부상 버금가는 기저귀 가방

아이와 외출하려면 한 짐을 지고 가야 한다는 말을 들어본 적 있는가? 두 돌 전에는 보통 기저귀, 분유 또는 이유식, 턱받이, 유아 식기, 물통 또는 보온병, 물티슈, 쪽쪽이 등을 꼭 챙겨야 한다. 이 많은 물건을 모두 담는 게 기저귀 가방이다.

간혹 새로 사지 말고 쓰던 가방을 사용하라는 사람도 있다. 천만의 말씀! 일반 가방은 칸막이가 없어서 아기 물품이 여기저기 굴러다닌다. 그러면 아이를 돌보면서 빠르게 물건을 꺼내고 넣기에 불편하다. 게다가 가방에 분유나 토사물이 묻으면

세탁도 할 수 없어 울며 가방을 버려야 한다. 그래서 기저귀 가방이 필요하다. 많은 육아용품을 넣을 수 있고 세탁하기 좋은 소재여서 언제 어디에나 들고 나갈 수 있으니 말이다.

기저귀 가방을 사야 한다면 다음 조건을 충족하는지 확인해 보자. 우선 가방 무게가 가벼워야 하며 생활 방수가 되고 세탁하기 쉬운 소재여야 한다. 고리나 찍찍이라고 하는 벨크로velcro로 유아차에 걸 수 있어야 하고, 내부가 한눈에 보이며 칸막이가 있어 물건의 위치를 빠르게 파악할 수 있어야 한다. 특히 물통을 세워 넣는 칸막이는 필수다.

기저귀 가방은 유독 퀼팅(누빔) 스타일이 많은데 면 가방보다 오염이 덜 되고 빨기 쉬운 소재라서 그런 것 같다. 게다가 보송보송한 누빔 패턴은 어찌나 사랑스러운지. 아이 키우는 집에서만 볼 수 있는 고유한 스타일이다. 요즘은 육아할 때도 아기 돌보기에 좋은, 일명 '후줄근 패션'을 고수하지 않는다. 양육자도 아기 못지않게 예쁘게 꾸미고 아이와 커플룩을 입기도 한다. 기분 전환도 할 겸 외출할 때만큼은 투박한 기저귀 가방 말고 내 마음에 쏙 드는 디자인의 가방을 들고 육아 스트레스를 날려보자. 기저귀 가방은 쇼퍼백과 백팩 2가지를 기본으로 준비하면 좋다.

#어쩌다 보니 보부상

#피할 수 없으면 예쁜 걸로 사자

기저귀 가방은 메는 형태에 따라서 '쇼퍼백shopper bag'과 '백팩backpack'으로 나뉜다. 쇼퍼백은 들거나 한쪽 어깨에 멜 수 있는 끈이 달린 가방이다. 가방에 짐이 많을 때는 유아차에 걸고 다닌다. 백팩은 밖에서 아이를 안을 일이 많을 때 유용하다. 기존에 쓰던 쇼퍼백이나 백팩을 기저귀 가방으로 쓰고 싶다면 S자 가방 고리나 벨크로를 구매해 사용하자. 내부 수납이 편리하도록 '기저귀 가방 이너백inner bag' 또는 '이너 파우치inner pouch'를 별도로 사서 끼워 넣으면 더 좋다.

두 돌이 지난 아기와 외출할 때는 물티슈, 휴지, 간식, 물병, 빨대 등만 챙기면 되고, 놀이터나 공원에 자주 나가게 되니 작은 가방이 더 편리하다. 내가 써본 것 중 실용성이 높고 가격도 합리적인 제품 몇 가지를 추천해보자면 제일 먼저 '프레젠트 프로젝트present project'의 가방을 꼽고 싶다. 어떤 디자인을 골라야 할지 모를 정도로 예쁜 패턴과 디자인이 많기 때문이다. '스트롤러 백stroller bag'은 프레젠트 프로젝트만의 독특한 프린팅이 인상적인 레어템(희귀한 아이템)이다. 이외에도 '아이디어스idus.com'에서 기저귀 가방을 검색하면 다양한 디자인을 살펴볼 수 있다.

끌로에Cholé나 디올DIOR 등 유명 브랜드의 캔버스백을 기저귀 가방으로 사용하는 사람도 있지만 당연히 가격이 문제다. 캔버스백을 쓰고 싶다면 비교적 저렴하면서도 독특한 프린트의 '깔롱엠'을 추천한다. 캔버스백은 가방 속이 보이지 않고 물건이 튀어나오지 않게 상단에 지퍼가 달린 형태가 좋다.

기저귀가 1~2개 들어갈 만한 작은 파우치로는 드로잉 느낌의 자수가 포인트인 '스티치치stitchichi'의 토트백이 마실용으로 휘뚜루마뚜루 들고 나갈 때 딱이다. 백팩으로는 '아프리콧 스튜디오APRICOT STUDIOS'의 '캐스터네츠 백팩'을 추천한다. 가방 중간의 지퍼를 열면 보냉 겸 수납공간으로 쓸 수 있는 2in1 가방으로 깊숙하게 넣어둔 물건을 손쉽게 찾을 수 있다. 디자인도 기저귀 가방으로만 쓰기에는 아쉬울 만큼 트렌디하다. 이 제품들처럼 엄마도 예쁜 것을 좋아하는 사람이라는 걸 이해해주는 제품이 더 많이 나왔으면 좋겠다.

우리 아기 첫 빵빵이, 유아차

디럭스? 절충형? 휴대용?

워너비는 영국 왕실 유아차, 현실은 리어카

출산을 앞둔 양육자가 제일 크게 고민하는 것은 십중팔구 유아차다. 아이를 낳기 전에는 남들이 쓰는 유아차를 따라서 사면 되는 줄 알았겠지만 유아차는 크기와 무게에 따라 디럭스, 절충형, 휴대용으로 나뉘고 아기 개월 수에 따라서 사용해야 하는 종류도 다르다는 걸 알면 끝없는 고민에 빠지게 된다. 며칠 동안 머리를 쥐어짜도 뭘 사야 할지 감도 오지 않을 수 있다.

디럭스 유아차는 아기가 눕는 부분이 바구니 카시트처럼 아늑하고 외부 충격에도 견딜 수 있게 설계된 디자인이 많고, 바퀴는 크고 두껍다. 휴대용 유아차는 시트를 지탱하는 뼈대가 얇고 무게가 가벼우며 바퀴도 작다. 접으면 기내 반입이 될 정도로 크기도 매우 작다. 절충형은 이 2가지 유아차의 딱 중간이다.

대형 자동차는 튼튼한 대신 크기가 커서 주차하기 어렵고, 소형차는 크기가 작아 공간을 적게 차지하는 대신 충격에 취약한 것처럼 유아차도 마찬가지다. 디럭스는 부피가 크지만 충격에 강하면서 안전하고, 휴대용 유아차는 가볍고 휴대성이 좋은 대신 이동 시 충격이 아기에게 전해질 가능성이 있다. 이렇게 보면 당연히 디럭스를 사야 할 것 같지만 꼭 그렇지는 않다.

한 친구는 첫째 때 절충형을 쓰다가 둘째를 낳고 디럭스를 샀는데 끌어보니 흔들림이 적어 안전하고 핸들링이 좋았다고 했고, 또 다른 친구는 디럭스는 너무 무겁고 커서 차에 싣기 어려워 동네에서만 썼다고 했다. 어떤 사람은 한 손으로도 접히는 휴대용 유아차를 신생아 때부터 아이가 클 때까지 쭉 사용했다고 한다. 나 역시 디럭스를 고르려다가 무거운 건 질색이니 절충형으로 마음을 바꿨다가, 아이를 안은 채로 자동 우산처럼 접었다 펼 수 있는 휴대용을 사는 게 최고인가 싶기도 했다. 결국 번민을 해결하지 못하고 첫째 때부터 지금까지 유아

차를 4대나 샀다. 그래서 누군가 유아차를 추천해달라고 하면 디럭스, 절충형, 휴대용까지 다 사라고 말한다. 그래도 꼭 하나만 산다면 무얼 골라야 할까? 이쪽도 저쪽도 치우치지 않은 절충형을 사라고 권하겠다.

절충형을 사기로 마음먹었다면 이것만은 알아두세요

절충형 유아차를 사기로 결정했다면 다음 내용으로 넘어가도 된다. 하지만 유아차를 4대나 뽑은 내 이야기가 궁금하다면 이번 내용을 정독하자.

내가 쓴 첫 유아차는 국민 유아차로 유명한 절충형 A였다. 원래 후보였던 B는 A보다 비쌌다. 두 브랜드의 직원으로부터 기능과 장단점을 자세히 들었지만 한 번도 유아차를 끌어본 적 없는 나와 남편은 예상보다 비싼 가격에 고민하다가 상대적으로 저렴한 A를 선택했다. 잘못된 결정이었다. 이후 다양한 유아차를 써보며 유아차를 구매할 때 필요한 5가지 기준을 선정해보았다.

1. 양대면 변경이 쉬운가?

2. 폴딩이 쉬운가?

3. 차 트렁크에 싣기 편한가?

4. 무게가 가벼운가?

5. 핸들링이 좋은가?

절충형 유아차는 휴대용과 디럭스의 장점을 반씩 가지고 있다. 디럭스 유아차는 가격이 부담스럽고, 휴대용을 쓰기에 아이가 너무 어리다면 절충형을 선택하자.

중간이 좋겠다 싶어 고른 A유아차는 양대면 전환이 어려웠다. 유아차에 아이를 태우고 나 혼자 뒤보기로 바꾸는 건 거의 불가능했다. 설명서에는 아이가 타지 않았을 때 돌리라는데 안전 바를 잃어버린 뒤로는 잡을 곳이 없어 들어 올리는 것도 어려웠다. 내가 잘못 조작하나 싶어 유튜브 영상으로 여러 번 조작법을 확인했다. 구매할 때는 양대면 전환 기능이 이 정도로 중요한지 몰랐다. 다행히 앞보기와 뒤보기를 하며 타는 시기가 짧아서 남편과 나는 이 유아차가 가진 나머지 장점을 누리며 꾀죄죄해질 때까지 주구장창 애용했다.

내가 사용했던 유아차의 아쉬웠던 점을 보완할 유아차로는 고급 유아차의 대명사 '부가부Bugaboo'를 추천한다. 양육자들이 부가부를 외치는 데는 다 이유가 있다. 좋은 기회로 '부가부 폭

스3'를 한 달간 사용할 수 있었는데 디럭스치고 가볍고 양대면 전환이 수월했다. 바퀴도 시트도 큼직한데 절충형보다 힘을 덜 써도 쉽게 움직였다. 울퉁불퉁한 길이나 턱을 지날 때도 온몸의 힘을 짜서 유아차를 힘껏 밀거나 발로 들어 올릴 필요가 없었다. 바퀴가 커서 약간의 힘만 주면 부드럽게 넘어갔다. 게다가 절충형보다 시트가 넓고 푹신해서 둘째는 이 유아차에 탈 때마다 푹신한 의자에 앉은 것처럼 표정이 편안해 보였다.

부가부에 감격했던 작은 디테일도 있다. 이 유아차 안전벨트에는 어깨 패드가 내장되어 있어 벨트가 시트에서 약간 떠 있다. 그래서 버둥거리는 아이를 앉힌 뒤 아이 등과 시트 사이에 손을 넣어 안전벨트를 찾아야 할 필요가 없다. 써본 사람은 알 거다. 이게 얼마나 큰 장점인지.

작고 소중한 우리 아기

편안한 유아차로 편안히 모시기

'흔들린 아이 증후군Shaken Baby Syndrome, SBS'은 영아를 심하게 흔들면 발생하는 뇌 손상의 여러 가지 징후 및 증상을 말한다. 아기 머리는 다른 신체 부위에 비해 무겁고 크지만 목 근육은 머리 무게를 감당할 만큼 튼튼하지 않다. 이 시기에 아기를 심하게 흔들면 뇌 손상 또는 신체 장애를 일으키고 심하면 사망으로 이어진다. 이 때문에 많은 부모가 SBS를 걱정하며 디럭스 유아차를 사야 할지 고민하지만, SBS가 휴대용 유아차의 진동이나 아이를 달래는 움직임 정도로 발생하는 경우는 매우 드물다. 그래도 걱정된다면 신생아 시기에는 충격 흡수 장치가 많아 흔들림이 적은 절충형 이상의 유아차를 사용하는 것이 좋다.

유아차 인기 모델(검색량 많은 순)

디럭스	절충형	휴대용
오이스터3	부가부 비6	부가부 버터플라이
스토케 익스플로리 엑스	부가부 드래곤플라이	줄즈 에어플러스
부가부 폭스 5	실버크로스 듄	와이업 지니제로3
에그3	리안 솔로	타보 플렉스 탭3
잉글레시나 앱티카	잉글레시나 일렉타 엘리먼트	잉글레시나 뉴 퀴드2

2024년 기준

아이가 둘이면 유아차도 2대?
1대로도 충분합니다

첫째는 집에서 3분 거리에 있는 어린이집도 30분 넘게 걸려 등원했다. 그도 그럴 것이 아침 바람 찬 바람에 날아가는 새는 다 아는 척해주고, 새로 핀 꽃이 있으면 한참을 쳐다보고, 놀이터를 지날 때는 10분이라도 그네를 타야 했으니까.

그런데 둘째가 생기니 전처럼 여유롭게 등원할 수가 없었다. 쌍둥이 유아차를 보자마자 '나도 당장 사야겠다'라는 생각이 절로 들 정도였다. 이제는 쌍둥이 유아차가 없으면 등원시킬 엄두가 나지 않는다. 한 명이라도 대충 준비해서 안전띠로 묶어놔야 다른 애를 태울 정신이 생기니까 말이다.

나는 쌍둥이 유아차로 '베이비조거Baby Jogger 시티셀렉트' 구형 모델을 당근마켓에서 거의 10분의 1 가격으로 구매했다. 둘째를 먼저 태워놓고, 첫째 등원 준비를 마무리해서 함께 태우면 한꺼번에 어린이집으로 데려갈 수 있으니 등원이 훨씬 쉬워졌다. 전처럼 놀이터에서 놀고 가도 지각할 일이 없었다. 이 유아차만 있다면 쌍둥이는 물론, 연년생 또는 나이 차이가 적은 아이 둘을 한 번에 데리고 다니기가 수월하다. 시티셀렉트 시리즈는 현재 직구로만 구매할 수 있다.

쌍둥이 유아차를 사기로 했다면 시트 형태를 먼저 결정한 뒤 브랜드를 선택해야 한다. '나란히형'은 아이들이 양쪽에 있어서 한 번에 보살피기 좋으며, '앞뒤형'은 마트 계산대를 통과하기 편하다. 다음 표는 대표적인 쌍둥이 유아차 브랜드다.

#유아차가 좋은 건지
#등원하는 게 좋은 건지
#알아도 말 못 함

쌍둥이 유아차 대표 모델

나란히형	앞뒤형
부가부 동키 트윈	베이비조거 시티셀렉트
뻬그뻬레고 북포투	큐터스 듀엣프로
잉글레시나 트윈스케치	마이크라라이트 투폴드
베이비조거 시티투어 더블	쿨키즈 T8
리안 트윈	컨투어스 엘리트 v2

물론 쌍둥이 유아차에도 단점은 있다. 아이들이 싸운다는 것. 나란히형은 앉자마자 신경전을 벌이고, 앞뒤형은 서로 앞에 타겠다고 난리다. 그래서 이 문제를 해결할 수 있는 참신한 쌍둥이 유아차를 하나 소개한다. '범프라이더bumprider'의 '커넥트3connect3'는 하이브리드 유아차로, 두 유아차가 자석으로 연결되어 있어 나란히형으로 사용할 수도, 1인용 유아차로 떼어 쓸 수도 있다.

아기 티를 조금 벗은 두 돌 이상의 아이들을 키운다면 '왜건wagon'도 좋다. 부피가 크고 무게가 무겁지만, 왜건만의 장점이 있다. 특히 양육자가 유아차에 짐을 주렁주렁 매달고 다니는 보부상이거나 아이가 유아차를 거부한다면 강력 추천이다. 왜건은 '유아차를 안 타는 아이도 탄다'는 말이 있을 정도로 대부분 좋아한다. 둘을 눕혀 재우기도 좋고 덩치에 비해 생각보다 잘 밀린다.

그럼 이 모든 걸 다 사야 하나 고민할 수 있다. 나 또한 여러 형태의 유아차를 끌어보니 한 가지만 추천하기 어렵다. 신생아는 디럭스가 좋고, 여행 갈 때는 휴대용이 필요한 법인데…. 이럴 때는 본인의 육아 패턴을 보고 어떤 조합이 좋을지 고민해 보자. 보통 추천하는 조합은 디럭스와 휴대용 또는 절충형과 휴대용이다. 부가부나 '스토케STOKKE'의 '요요yoyo'처럼 기본 뼈대에 바구니 모양의 아기 침대인 배시넷bassinet을 끼웠다가 시트를 갈아 끼우는 모델을 선택해 1대의 유아차를 다양하게 활용하는 방법도 있다.

한번은 또래 아이 둘을 키우는 남편 친구 가족과 서울대공원에 놀러 간 적이 있었다. 유아차를 하나만 가져가서 힘들어하는 우리 집 둘째를 그 집 첫째와 일인용 유아차에 함께 태웠는데, 무게 때문인지 접합부가 건드려져서인지 유아차가 갑자기 접혀버렸다. 재빨리 아이를 들어 올려서 큰 사고로 이어지지는 않았지만, 깜짝 놀란 그 집 첫째가 유아차를 무서워해서 그 집 부부는 하루 종일 아이를 안고 넓은 서울대공원을 다 돌아야 했다. 알고 보니 해당 유아차는 종종 그런 문제가 발생하는 모델이었다. 물론 규정대로 사용하는 것이 가장 중요하지만 안전에 관한 후기를 미리 살펴보는 것도 좋다.

육아템 중에 유아차만큼 길게, 그리고 자주 쓰는 것도 없다. 아이가 예닐곱 살이 되어도 사용하는 경우가 있으니 말이다. 그래서 유아차만큼은 되도록 성장주기에 맞춰 어떻게 바꿀지 계획해서 적정한 모델을 선택하길 바란다.

육아템 지름 1순위 아기띠

아기띠는 선택 아닌 필수!

아기띠 만든 사람 상 주세요

육아용품을 적극적으로 알아보고 활용하는 내가 관심이 없던 물건도 있었다. 바로 아기띠. 이상하게 들리겠지만 나는 아기띠가 얼마나 좋은 육아템인지 전혀 몰랐다. 변명을 하자면 나는 친구들보다 결혼도 일찍 했고 육아도 먼저 시작했다. 그래서 주변에 육아 상담을 할 친구가 거의 없었다. 아기띠를 할 시기가 왔을 때 직장 선배가 물려준 힙시트 탈부착형 아기띠를 사용해봤는데, 너무 무겁고 불편했다. 나는 아기띠만 하면 허리가 아프고 어깨가 빠질 것 같은데 아기띠로 아

기를 안고 산책하는 사람들이 신기해 보일 정도였다. 그래서 나는 이 불편한 물건에 관심을 끄고 유아차를 택했다. 출산 후 회복되지 않은 몸을 아낀다고 생각하며 말이다.

그때의 나처럼 어떤 엄마들은 아기띠를 하면 산후 관리에 나쁜 영향을 끼칠 거라 생각한다. 틀린 생각이다. 해부학적으로 몸의 중심에 아기를 안아 체중을 잘 분산하면 유아차를 미는 것보다 근육 긴장도 개선과 바른 자세에 효과적이다. 아기를 맨 팔로 느슨하게 안을 때보다 복부에 가해지는 스트레스도 적다. 무엇보다 이 자세는 엄마가 다시 체력을 키우는 데 도움을 주며 엔도르핀도 나오게 한다.

목이나 허리가 아파 아기띠를 쓰지 못하는 사람이 꽤 있다. 신체 부하 면에서 앞으로 착용하는 아기띠는 어깨 관절과 허리 근육에 무리를 주어 통증이 생길 수 있다. 그래서 어깨와 허리가 약하다면 아기띠를 뒤로 매거나 포대기를 쓰는 게 좋고, 목이 아프다면 아기띠를 앞으로 매는 것이 낫다.

아기띠로 아이를 안으면 팔로 안는 것에 비해 에너지 소모가 줄어들고, 활동이 편해진다. 하지만 오래 착용하면 당연히 몸에 무리가 간다. 사용 환경이나 사용 방법, 아이의 연령 등 여러 가지 요소에 따라 다르지만 일반적으로 2시간 이상은 착용하지 않는 것이 좋다.

아기띠 사용 시기 및 장단점

유형	사용 시기 및 장단점	대표 모델
슬링형	0~3개월 접을 수 있어 휴대가 편하며, 빠르게 착용 가능 체중 분산이 고르게 되지 않으며 사이즈 조절 불가능	코니 아기띠, 포그내 스텝원, 쉐리네뜨 슬링머플러, 왈라부 슬링
캐리어형	0~36개월 사용법이 쉽고, 사이즈 조절 가능 신생아에게는 불편하고 클 수 있음	베이비뵨 캐리어원 아기띠, 에르고 옴니 360 아기띠
올인원	0~36개월 분리와 조립이 가능해 다용도로 사용 가능 제왕절개 분만 산모는 배에 불편감이 있을 수 있음	포그내 올인원 아기띠, 포브 프리아핏 에어 올인원 아기띠, 아이엔젤 닥터다이얼 플러스 올인원 아기띠
힙시트	4~36개월 어깨에 부하가 덜하며 부피가 작아 휴대가 간편 수용 무게의 한계. 허리에 부하가 커져 허리 통증을 느낄 수 있음	에르고, 포그내, 구스켓 안아요, 루시로다

아기띠 브랜드 정리
꿀잠템부터 패션템까지

아기띠를 쓰기로 한 그대. 어떤 아기띠를 써야 할지 고민이라면 다음 설명을 참고해보자. 나는 아기띠에 실패한 후 다시 아기띠를 쓰기 전까지 '어디, 설득해볼 테면 해보라지!

난 그래도 아기띠 안 써!'라는 마음이 한편에 자리해 있었다. 그런데 이게 웬일? 아기띠, 한 번도 안 써본 사람은 있어도 한 번만 써본 사람은 없다더니 내가 그랬다.

아기띠는 유명한 인기 상품을 사는 게 능사가 아니다. 착용자의 몸 상태와 체형에 따라 착용감이 다를 수 있으니 매장에 가서 여러 종류를 착용해보고 구입해야 한다.

코니konny

슬링 아기띠의 대명사 코니는 유명한 꿀잠템이다. 한 친구의 아기는 초민감 등 센서를 장착해 7개월이 되도록 한 번도 제대로 누워서 자지 않았는데, 이 아기띠를 남편 것과 본인 것 하나씩 사서 사용해보니 너무 만족해서 둘째 때 하나 더 샀다고 한다.

코니 아기띠는 옷처럼 입는 방식으로 어깨로 집중되는 무게를 분산해주어 신생아부터 6~8킬로그램 미만 아기에게 사용할 만하다. 한계 체중이 20킬로그램이지만 허리 지지대가 없어 6개월 이후에는 아기가 답답해하고, 양육자의 몸에도 무리가 되는 것 같다. 대신 휴대성이 좋으므로 6개월 이전까지 추천한다.

에르고베이비ergobaby

'에르고 옴니 360 아기띠'는 일반적인 앞보기, 뒤보기, 뒤로 매기 외에 끈을 교차해 옆으로 매기도 가능한 제품이다. 힙시트가 없어 신생아 때부터 사용할 수 있고 착용감이 좋다. 벨트와 어깨끈 등 특별히 신경 쓰이는 부분 없이 편안해서 입이 닳도록 칭찬하는 이유를 알 수 있다.

메리튠Merry Tune

메리튠의 '얼티밋 아기띠'는 자동차 시트 연구원이 개발해 와디즈 펀딩에 성공할 만큼 초반부터 인기가 높았다. 등판이 푹신하고 안정적이며 다리가 나오는 부분이 빵빵한 쿠션으로 가득 채워져 착용감이 좋다. 무엇보다 허리 밴드 부분이 제왕절개 흉터를 압박하지 않는다. 아기띠를 한 채 앉으면 허리 밴드 부분이 배를 눌러 불편하지만 아기는 편안한지 5분 만에 잠드는 신공을 발휘했다.

디망디DMANGD

'일리 아기띠'는 아기띠를 패션으로 승화시켰다. 따뜻한 북유럽풍의 베이지, 브라운부터 희귀한 레오파드 무늬, 고급스러운 꽃무늬까지 디자인이 다양하다. 예쁘니까 착용감은 크게 기대하지 않았는데 막상 써보니 인기 제품 못지않게 몸에 착 감기고 편안해서 손이 자주 갔다. 부피도 작고 무게도 가벼워 휴대하기 좋다.

베이비뵨BabyBjÖrn

유럽에서 독보적으로 인기가 많다는 베이비뵨의 '케리어 원'은 아기띠가 지닌 불편을 개선하려는 흔적이 가득하다. 무소음 허리끈 버클(찍찍이가 없음), 실크처럼 부드럽게 밀리고 당겨지는 조절 끈, 간편한 착용 방식, 아기를 안은 채로 매지 않아도 되는 안전한 원터치 버클 등이 있어서 쓸 때마다 만든 사람에게 상을 주고 싶어진다. 양육자와 아기의 몸을 가장 잘 밀착해주어 착용자가 안정적으로 아기를 안을 수 있다. 다만 다른 아기띠보다 무겁고 착용 방법이 복잡하다는 단점이 있어 남자 양육자가 착용했을 때 더 빛을 발한다.

포그내POGNAE

한 가지 제품으로 여러 가지 기능을 사용하고 싶다면 신생아 슬링부터 힙시트까지 하나로 해결하는 '포그내 맥스 올인원 아기띠'를 추천한다. 힙시트만 분리해 사용할 수 있으며 슬링까지 포함된 구성으로 하나만 사면 모든 종류의 아기띠를 갖출 수 있다. 벨크로 소리 없이 분리되는 무소음 허리띠가 특징. 아기가 소리에 민감하다면 추천한다.

#아기띠는 내 운명

#여름에는 땀범벅

#겨울에는 따뜻

우리 아기 안전 지킴이 카시트

첫째도 안전, 둘째도 안전, 셋째도 안전

필수 육아용품 목록 중에 유아차 다음으로 비싼 것이 카시트라 그런지 중고 카시트를 구매하는 사람이 많다. 나도 중고 육아용품을 좋아한다. 아이들 제품은 짧게 쓰고 처분해야 하는 제품이 많아서 그렇다. 그래서 그런지 육아용품은 좋은 물건을 중고거래로 저렴하게 구하기도 쉽다. 하지만 카시트만큼은 반드시 새 상품을 사길 바란다. 당신이 중고거래로 산 그 카시트의 과거는 오로지 판매자만 알기 때문이다.

내가 첫째를 낳고 처음 쓴 카시트는 시누이에게 물려받은 유명 브랜드의 구형 모델이었다. 얼마나 오래됐는지 사용 설명

서도 검색되지 않을 정도였다. 안전하기로 제일가는 제품이었지만 불안한 마음에 몇 번 사용한 뒤 조용히 폐기했다.

카시트를 고를 때 안전장치나 소재, 디자인 외에 반드시 확인해야 할 것은 제조일이다. 만약 중고 카시트라면 사고 이력이 있는지도 확인해야 한다. 외부 충격을 받았던 카시트는 겉보기에는 깨끗해도 눈에 보이지 않는 미세한 균열이 있을 수 있다. 문제가 없었던 카시트라도 제조일로부터 8년이 지나면 제품이 부식되는 등 강도가 약해질 수 있다. 중고거래에서는 이런 사항을 정확히 파악할 수 없다.

첫째는 신생아 시절부터 지금까지 유아차나 카시트를 잘 탔다. 차만 타면 고꾸라져 잠드는 나를 닮았는지 카시트에 태우면 안 자던 낮잠도 잘 잤다. 그런데 둘째는 정반대였다. 우리 가족은 둘째가 10개월일 무렵 제주에서 한 달 살이를 했는데 외출할 때마다 둘째가 우는 바람에 차를 타고 이동하는 것이 고역이었다. 아이는 서럽게 울다가도 카시트에서 내려놓기만 하면 아무 일도 없다는 듯 울음을 뚝 그쳤다.

아이가 카시트를 거부하는 상황을 견디지 못하고 품에 안고 가거나 카시트에 태우지 않는 양육자도 있다. 하지만 아이를 카시트에 태울지 말지는 타협할 사항이 아니다.

다음은 카시트의 종류다. 여러 스타일을 비교해보고 안전과 편의성, 아기의 성향 등을 고려한 크기와 디자인을 고르자.

1. 신생아용 카시트infant car seat

뒤보기용 바구니형 카시트 또는 컨버터블 카시트를 사용한다. 바구니형 카시트는 사고 발생 시 컨버터블보다 아이의 기도 확보에 더 유리하다.

이 카시트는 보통 생후 0개월부터 돌 무렵까지 사용한다. 백일 전에는 산모와 아기 모두 외출을 삼가기 때문에 신생아용 카시트는 조리원에서 나올 때, 병원에 갈 때 정도만 사용한다. 사용 횟수에 비해 큰돈 들여 사는 게 부담된다면 신생아 이너 시트(인서트)를 장착하는 컨버터블 카시트를 선택하자.

신생아용 카시트는 바운서나 유아차와 호환되는 모델이 있으니 이왕 사려고 마음먹었다면 두루두루 사용할 수 있는 것으로 고르자. 나는 첫째를 등하원시킬 때 쌍둥이 유아차 중 하나에 멕시코시 바구니 카시트를 장착하고 곤히 자는 둘째를 눕혀서 데리고 나갔다.

---

2. 컨버터블 카시트convertible car seat

보통 백일 이후부터 4세까지 사용한다. 앞보기와 뒤보기 전환이 가능해 아이가 성장해도 헤드레스트(머리 받침)나 어깨띠를 조절할 수 있다.

---

3. 주니어 카시트booster seat

아이가 4세 즈음 몸이 커지면서 컨버터블 카시트나 유아용 카시트를 불편해하면 사용한다. 크게 5점식 벨트가 있고, 앞보기가 되어 돌부터 12세까지 사용하는 '컴비네이션 카시트(하네스 부스터)'. 5점식 안전벨트가 없고, 헤드레스트의 높이를 조절할 수 있는 '하이백 부스터(부스터시트)'. 등받이가 없고 엉덩이 받침대같이 생긴 '백리스 부스터'가 있다.

미국은 만 12살 이하의 아이들에게 의무적으로 카시트를 사용하게 한다. 한국은 카시트 의무 사용 연령이 6세까지인데 그 이상이더라도 신장이 145센티미터가 되지 않는다면 주니어 카시트를 사용해야 한다. 성인용 안전벨트는 키 145센티미터가 넘었을 때 착용해야 안전하다.

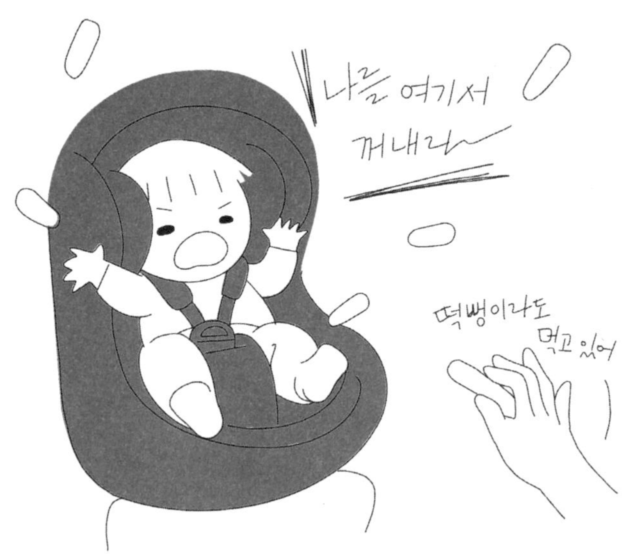

#나를 꺼내라
#당장 꺼내지 않으면
#내릴 때까지 울어버리겠다

카시트를 고를 때는 브랜드나 형태만으로 선택해선 안 된다. 다음 사항을 하나씩 확인하면서 안전성과 편의성을 꼼꼼하게 따져보자.

첫 번째, 체형 고려하기. 전문가들은 아이 체격에 맞게 '단계별'로 카시트를 구매하라고 조언한다. 국내는 해외보다 카시트 단계가 간소하다. 그래서 신생아용 카시트, 유아용 카시트, 주니어 카시트 등과 같은 연령별 분류만 본다면 아이 몸에 맞지 않는 카시트를 살 수 있다. 그러니 카시트를 산다면 아이의 신체 발달(키와 체중)에 적합한지 살펴야 한다. 아이들이 빨리 큰다고 큰 걸 사주면 사고가 났을 때 안전하지 않을 수 있다. 신생아용 카시트도 마찬가지다. 길어야 1년밖에 쓰지 못한다는 인식 때문에 많은 양육자가 만 4살까지 사용하는 컨버터블 카시트를 산다. 하지만 아이의 안전을 위해서라면 신생아도 몸에 꼭 맞는 카시트를 써야 한다.

카시트를 다음 단계로 바꿀 때도 제조사가 허용하는 탑승 한계 체중 및 키가 될 때까지 기다린 다음에 넘어가야 한다. 예를 들어, 신생아부터 태울 수 있는 유아용 카시트가 있어도 신생아는 신생아 전용 카시트를 쓴 뒤 유아용 카시트로 넘어가자.

두 번째, 안전성 고려하기. 카시트는 회전형과 고정형이 있다. 회전형은 부모가 아이를 승하차시키기 편하도록 좌석을

360도 회전할 수 있다. 그러나 회전체 이탈로 인해 자주 고장나고 리콜도 심심치 않게 발생하므로 고정형보다 안전하지 않다는 점을 명심해야 한다.

어느 제품이 안전한지 알아보려면 카시트 충돌 테스트 안전성 점수를 봐야 하는데 일반 소비자들은 이 점수를 확인하기 어렵다. 여러 브랜드 홈페이지를 찾아보니 점수가 공개된 곳도 있고, 그렇지 않은 곳도 있으며, 브랜드별로 테스트 기관까지 달라 객관적인 안전 등급을 확인할 수 없었다. ADAC Allgemeiner Deutscher Automobil-Club에 등록된 국내 카시트 브랜드는 거의 없으나 다이치의 경우 일부 모델에 한해 측면 충돌 테스트를 포함한 i-size인증을 받았거나 ADAC 테스트에서 우수한 성적을 받은 제품이 있다. 제품 정보를 더 알아보고 싶다면 네이버 카페 '아이와 차'를 참고하면 좋다.

세 번째, 뒤보기를 오래 할 수 있는지 확인하기. 미국 질병통제예방센터CDC를 비롯해 많은 자동차 충돌 연구 사례를 보면 5세 전에는 카시트 사용 시 뒤보기를 권장한다. 그 이후에도 아이의 체중과 키가 제조사의 허용치에 도달할 때까지 뒤보기를 하는 것이 안전하다. 그러니 카시트를 선택할 때 가능하면 뒤보기 탑승 무게 제한이 높은 것을 선택하자.

네 번째, 측면 충격 보호 여부 확인하기. 교통사고는 약 4분의 1 확률로 측면에서 충격이 일어난다고 한다. 카시트 충돌 테스트에서 '측면 충돌 테스트 결과'를 보면 안전도를 확인할 수 있다.

다섯 번째, 차량 장착 방법 확인하기. 첫째가 돌이 되기 전 지인에게 물려받은 또 다른 카시트가 있었다. 거의 새것이나 다름없었지만, 안전띠로 고정하는 방식이라 사용 설명서를 보고도 좀처럼 설치할 수 없었다. 결국 고정이 잘 되지 않아 제대로 쓰지도 못하고 폐기했다. 나처럼 안전띠를 완전히 고정하지 못하고 카시트를 설치하는 부모가 46퍼센트라고 한다. 사고에서 보호하려고 태우는 카시트를 불안하게 설치해 아이를 오히려 위험하게 만드는 것이다.

아이소픽스ISO-FIX는 카시트 오장착으로 인한 사고를 막기 위해 만든 국제표준규격 장치로, 안전띠로 고정하는 방식보다 안전하게 카시트를 설치할 수 있다. 따라서 가능하면 아이소픽스 기능이 있는 모델을 구매하는 게 좋다.

미국소아과학회에서는 미국 자동차 안전 표준Federal Motor Vehicle Safety Standard No.213을 충족하는 카시트를 구체적으로 명시하고, 매년 이 정보를 업데이트하고 있다. 또 미국 도로교통안전국NATSA에서는 아이 신체 발달 정보를 입력하면 적합한 종류의 카시트를 추천해주고 사용 편의성에 관한 평가 정보까지

제공한다. 그러나 국내에서는 KC인증만 통과하면 신뢰성 있는 충돌 시험 결과 없이도 카시트를 판매할 수 있으며 측면 충격 시험이 포함되지 않은 유럽의 인증 기준ECE R44을 따르므로 카시트의 안전성이 불분명하다. 요즘은 i-size로 불리는 유럽 R129 기준을 받아 안전성을 증명하는 제품도 늘어나고 있다. 카시트가 안전장비로써 제대로 쓰이려면 국가 기관이 주도하는 안전성 테스트와 기준 마련이 시급하다.

나 역시 카시트의 안전성보다는 사용하기 편한 유아용 카시트를 샀다. 하나하나 따져보고 사야 할 육아용품이 많다는 핑계로 카시트는 유명 브랜드 중에서 적당한 가격의 제품을 산 것이다. 유아용 카시트는 나처럼 고민 없이 샀다면 주니어 카시트는 제대로 된 걸 사자. 카시트는 아이의 생명을 보호하기 위한 안전장치라는 점을 기억하면 길을 잃지 않고 좋은 카시트를 고를 수 있을 것이다.

약 먹기 싫은 아기도 좋아하는 다회용 약병

아프냐? 나도 아프다

아프지 말고 무럭무럭 크자

우리 집 아이들은 약을 잘 먹는 편이지만 과자 맛이 나는 흰 물약(항생제)이나 오렌지 맛의 해열제는 안 먹겠다고 도망 다닌다. 고작 3cc 내외의 양을 먹이는데 어르고 달래느라 정말이지 진이 다 빠진다. 힘들게 약을 먹여도 한 번에 병이 뚝 떨어지지도 않는다.

초보 양육자들은 아이가 약을 먹으면 병이 금방 나을 거라고 생각하지만 그렇지 않다. 바이러스성 소아 질환에 처방되는 약은 바이러스를 없애는 게 아니라 증상을 완화해주는 '대증

치료'다. 병이 나으려면 아이 몸이 회복되는 시간이 필요한데 아파서 아이가 밥을 먹지 않거나 잠을 설쳐서 회복이 더뎌지지 않게 약을 제때 먹여서 컨디션을 회복시켜야 한다.

몇 날 며칠 약 안 먹겠다는 아이와 씨름하는 것도 쉽지 않은데 약병 관리도 고역이다. 약국에서 준 약병을 하루에 3번, 최소 사흘은 써야 하니 결국 씻어서 재사용해야 한다. 그런데 씻다 보면 뚜껑이 꼭 하나씩 없어진다. 약병 입구는 또 왜 그렇게 좁은지. 빨대 솔을 넣어보기도 하고, 물로 여러 번 헹궈도 가끔은 가느다란 주둥이 부분에 약이 남아 있다. 이러면 위생도 문제지만 다른 약과 섞일 수 있어 위험하다.

이러한 약병 사용의 고충을 느낀 어느 엄마가 '쭙'이라는 약병을 만들었다. 우연히 와디즈 크라우드 펀딩에서 산 이 제품을 큰아이와 둘째가 거의 3주 동안 아프던 때 제대로 써봤다. 직접 써보니 '아니 난 왜 이런 생각을 못 했지?' 싶을 정도로 편리한 제품이었다. 역시 위대한 발명은 생활 가까이에 있나 보다.

다회용 약병은 실리콘으로 만들어 열탕 소독이 가능하며 약병 입구가 넓어 씻기 편했다. 주둥이는 젖꼭지 형태로 만들어 아이들의 거부감도 줄였다. 첫째는 이 약병이 쪽쪽이 같다며 약을 쪽 빨아 먹는다. 약병 눈금도 눈에 잘 띈다. 일반 약병에 투명하게 양각으로 새겨진 눈금은 잘 보이지 않아 시력이 좋지 않은 사람이라면 쫍을 사용할 때 용량을 잘못 맞추는 실수를 줄일 수 있다.

최근 유사 디자인의 실리콘 약병이 많이 등장하고 있다. 작은 차이지만 타제품과 비교해 쫍은 여러모로 신경 쓴 게 티가 나는 제품이라 적극 추천하고 싶다.

한국에서는 연간 일회용 플라스틱 약병을 6억 개나 사용하고 이로 인한 탄소 배출이 12,734톤이라고 한다. 지구온난화를 지나 열탕화 지경에 다다른 이 시대에 일회용 약병 사용을 조금이나마 줄이면 미래 환경이 조금이나마 나아지지 않을까.

고사리손에 딱 맞는 손톱깎이

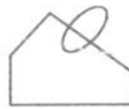

신이시여!

이 작은 손톱을 제가 깎아야 합니까?

첫째가 백일이 지났을 때였다. 집안일을 도와주러 오시는 가사관리사님을 기다리며 첫째 손톱을 깎아주고 있었다. 빨리 깎고 싶은 마음과 다르게 아이의 얇은 손톱 밑에 손톱깎이를 넣는 것도, 힘 있게 눌러 자르는 것도 쉽지 않았다. 몇 번 허둥대다가 아뿔싸! 손톱과 함께 아이의 살이 약간 잘려나갔다. 아이 손가락에서 피가 나자 나는 너무 놀라 "아악! 어머머머! 어떡해!"라며 소리를 지르고 어쩔 줄 몰라했다. 때마침 관리사님이 오셔서 혼비백산 이리 뛰고 저리 뛰는 나를 진정시켜주었다. 다행히 아이는 아프진 않았는지 울지 않았고 후에 상처도 잘 아물었다. 그러나 이 일은 나에게 트라우마로 남았다.

나처럼 아이 손톱 깎는 게 무서워서 아예 깎아주지 않으려고 손 싸개를 해두는 양육자도 있다. 하지만 소아청소년과 전문의들은 손 싸개는 생후 1~2주 이후에는 되도록 벗기라고 권고한다. 아이가 손을 움직이고 사물을 만지며 감각을 배우기 때문이다.

아기의 손톱은 하루에 0.1밀리미터씩 자라고 여름철에는 더 빨리 자란다. 속도가 가늠이 안 된다면, 그냥 눈 깜짝할 새 자란다고 생각하면 된다. 게다가 두께는 종잇장처럼 얇아서 쉽게 찢어진다. 길거나 찢어진 손톱으로 얼굴을 긁으면 상처가 나기 때문에 요일을 정해 손톱을 자주 깎아주는 게 가장 좋다. 정 불안하면 잘 때만 손 싸개를 하는 것도 방법이다. 발톱은 손톱보다 훨씬 천천히 자라기 때문에 한 달에 한 번만 깎아도 된다.

손발톱 관리 시 응급상황 대처법

손발톱을 깎다가 아이가 다친다면 먼저 상처 부위를 찬물로 헹구고 깨끗한 면봉이나 휴지로 눌러 지혈한다. 피가 멎지 않거나 상처가 심하다면 소아과 진료를 꼭 받자.

첫째가 태어난 해에는 국가에서 준 포인트로 기본 육아용품

을 다 구매했는데 손톱깎이도 그중 하나였다. 이 유아 손톱 관리 세트에는 손톱 가위와 작은 돋보기가 달린 손톱깎이, 손톱을 갈아주는 손톱 파일이 들어 있었다. 손톱 깎기가 두렵다면 손톱 파일로 살살 갈아줘도 된다. 하지만 오래 걸린다는 단점이 있다. 비슷한 제품으로는 '네일트리머'가 있다. 전동으로 돌아가는 면에 손톱을 대고 갈아주는 방식으로 손톱 끝이 부드럽게 다듬어져 얼굴을 긁어도 상처가 덜 난다. 강도 조절이 가능하고, 플래시가 있어 아기가 잠들었을 때도 사용할 수 있다.

손톱 가루가 날리는 게 싫다면 '휴비딕hubdic 아기 전동 네일트리머'를 추천한다. 이 제품은 트리머 헤드에 아기 손톱을 대면 칼날이 돌아가면서 손톱을 잘라주는 방식이다. 칼날이 둥글게 안쪽으로 말려 있어 피부를 자르지 않도록 설계되어 있고, 칼날을 UV 살균할 수 있어서 위생에도 좋다.

마지막으로 '보카스bocas 유아용 안전 손톱깎이'는 일반 손톱깎이와 유사한 방식으로 지렛대 부분을 눌러 자르는 형식인데 디자인이 인체공학적이다. 아기 손톱을 깎아본 사람이라면 알겠지만 아기는 손톱 깎을 때 가만히 있지 않는다. 아기가 손발을 틀거나 빠져나가려 하면 세게 움켜잡고 내 쪽으로 끌어당기기 마련인데 이 손톱깎이는 날이 회전해 아이의 손을 억지로 틀지 않아도 된다. 아이의 손가락을 받쳐주는 받침대(보호캡)도 있어서 편하다. 날의 크기도 적당해 유아기까지 오래 사용할 수 있다.

나는 여전히 아이들 손톱을 자르다 실수로 살을 살짝 자를 때가 있다. 어릴 때는 힘도 약하고, 가만히 앉아 있었는데 이제는 온몸을 비틀며 도망가기 일쑤다. 자르기 좋게 각도도 안 맞춰줘서 다 자르고 나면 진이 빠질 때도 있다. 전동 네일트리머를 사용하면 아이들도 손톱 깎는 것을 재미있어 하고 양육자도 편하게 사용할 수 있으니 늦게라도 구매해보자.

트롤리,
잡동사니를 부탁해!

트롤리 없는 집도 있나요?

물건 정리는 트롤리에게 맡기세요

공부 잘하는 모범생은 책상부터 다르다고, 육아도 잘하려면 육아용품을 잘 정리할 수납함이 필요하다. 아기 손톱깎이부터 기저귀까지, 아기 물건들은 하나같이 자잘해서 아무리 잘 정리해도 깔끔한 상태를 유지하기가 너무 어렵다. 이런 유아용품을 한곳에 몰아놓고 욕실 근처에 두거나 이리저리 끌고 다니려면 어떤 수납함을 사야 할까?

나는 국민템으로 널리 알려진 '이케아 로스코그RÅSKOG' 트롤리를 사용했다. 가격도 적당하고 디자인도 군더더기 없어서 좋았다.

보통 기저귀 수납함은 트롤리 형태로 바퀴가 달렸지만 나는 한 번도 트롤리를 이동해본 적이 없다. 잘 넘어지지 않도록 디자인됐다는 트롤리도 강한 힘을 받으면 전복되기 쉬워서다. 한 번은 첫째가 트롤리 가장 위 칸에 있는 물건을 꺼내려고 매달렸다가 트롤리와 함께 와장창 뒤로 넘어지며 그 아래에 깔려버렸다. 아이에게 달려가는 짧은 순간, 별별 끔찍한 상상을 다 했지만 다행히 아이는 크게 다치지 않았다.

그 이후로 나는 트롤리에 아이들이 매달리지 않도록 주의시키고, 대롱대롱 걸린 물건도 모두 치웠다. 그래서 둘째 때도 별 문제 없이 안전하고 유용하게 잘 사용하고 있다. 트롤리가 아이에게 위험하다고 판단한다면 일반 수납장을 사는 것도 괜찮다.

가제 수건이나 기저귀에 먼지가 붙는 게 싫다면 이케아 트롤리와 유사한 디자인에 뚜껑이 추가된 '뉴코코맘 트롤리 기저귀 정리함'을 추천한다. 하지만 다음과 같은 상황을 상상해보자. 배고프다고 자지러지게 우는 아기를 안고 급히 우유를 타서 앉았는데 가제 손수건을 안 챙겼다! 우유가 턱을 따라 흐르기 시작해 더는 안 되겠다 싶어 아기를 안은 채 일어선다. 아기 입에서 젖병을 떼면 먹는 흐름이 끊겼다고 역정을 낼 수 있으니 얼굴로 젖병을 받치고 어떻게든 먹이면서 말이다. 낑낑대며 겨우 수납함 앞에 도착해 손수건을 꺼내려는데 앗, 뚜껑이 닫혀 있다? 아… 상상만 해도 너무 절망스럽다. 그래서 자주 사용하는 용품의 수납함은 되도록 뚜껑이 없는 제품을 추천하지만 그래도 위생이 중요하다면 이 제품이 가장 낫다.

육아용품으로 보이지 않을 만큼 예쁜 수납함을 원한다면 '마켓비 빙그리BINGEURI 회전 서랍 트롤리'를 선택하자. 기저귀 수납함치고 비싸지만 오픈형과 밀폐형이 합쳐진 형태라서 꽤 실용적이다. 오픈형 수납공간에는 가제 손수건이나 기저귀처럼 바로바로 사용해야 하는 물건을, 밀폐형 수납공간에는 양말이나 속싸개, 손톱깎이, 면봉, 로션 등 작고 깔끔하게 정리하기 어려운 물건을 넣으면 좋다. 디자인도 훌륭해서 아이가 자란 뒤에는 다용도 수납함으로 용도를 바꿔 쓰기에 손색이 없다.

육아가 힘들다고 육아하는 집이 예쁘지 말라는 법 있나? 아기가 태어나길 기다리던 그 마음 그대로 당신의 유아용품 잡동사니들도 기저귀 수납함에 착착 담아 예쁘게 보관되길!

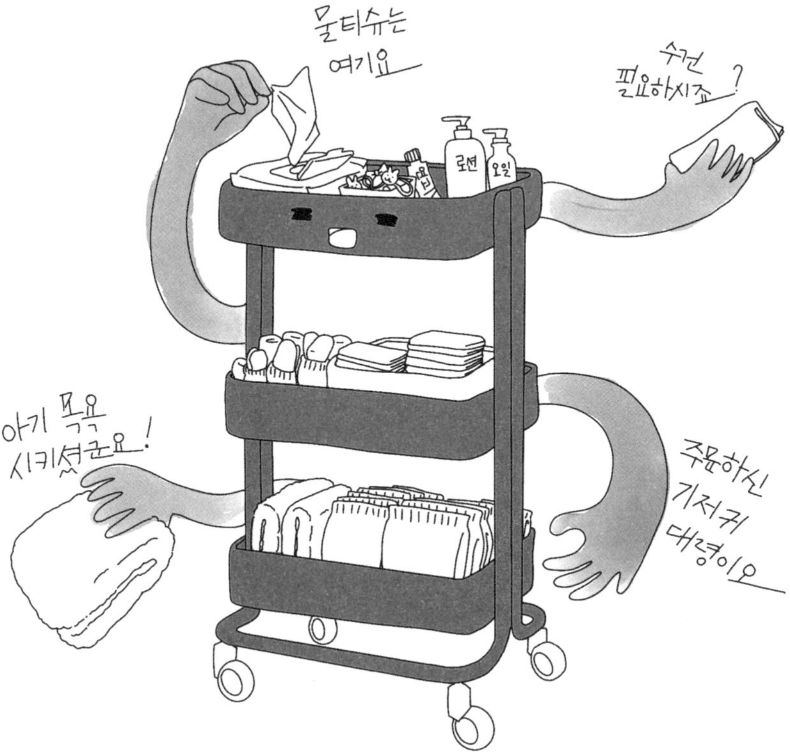

물티슈는 여기요

수건 필요하시죠?

로션

오일

아기 목욕 시키셨군요!

주문하신 기저귀 대령이오

#미용실에서 보던 게

#우리집에도 왔네

#이제야 아기 사는 집 같구나

우당탕쿵탕! 층간소음 잡는 매트

다시 보자 소음 매트

다시 보자 우리 아이 안전

아이를 키우는 집은 층간소음 방지를 위한 유아 매트가 필수다. 유아 매트는 층간소음 방지 외에 터미 타임tummy time, 뒤집기 연습, 기거나 걸을 때 푹신한 바닥 역할을 해준다. 이처럼 아이가 매트 위에서 활동하는 시간이 길다보니 유아 매트를 선택할 때는 안전성을 제일 먼저 고려해야 한다.

그러면 좋은 매트를 중고로 사도 되는 걸까? 한국소비자원의 안전성 조사에 따르면 3년 이상 사용한 매트는 3년 미만 사용한 제품에 비해 프탈레이트계 가소제(ADHD와 성조숙증 등의 내분비계 장애를 유발하는 환경호르몬 물질)가 기준치의 7배까지 검출되었다고 한다. 즉, 바닥 매트를 오래 사용할수록 표면이 마모되어 제품 내부의 PVC 폼에 포함된 프탈레이트계 가소제가 배출될 위험이 높아지는 것이다. 따라서 오래 쓴 매트는 새 제품으로 교체해야 하며 되도록 비프탈레이트계 가소제가 첨가된 제품이나 독성이 적은 열가소성 폴리우레탄TPU 소재 제품을 선택해야 한다.

매트 성분 구분하기

유아 매트의 상세페이지를 보면 친환경 인증을 받은 것들이 있다. 이 표기는 인체에 무해하다는 인증이 아니다. 그러니 제품이 받은 인증이 유아 매트의 안전성과 관련 있는 것인지, 어떤 항목을 통과한 제품인지는 양육자가 알아내야 한다. 참고로 친환경 표지 인증을 하는 한국환경산업기술원의 원스톱 서비스인 에코스퀘어 사이트(ecosq.or.kr)에서 '환경기술인증-환경표지인증-제도소개-인증기준 및 품목제안' 경로로 들어가 대상제품군명에 '매트'를 검색하면 유아 매트(발포 합성수지제 매트)의 인증기준 파일을 다운로드받을 수 있다. 다른 인증 마크 또한 인증기관의 사이트에서 인증 기준을 확인할 수 있다.

아이만 키우기에도 하루가 모자란 양육자가 모든 유아 매트의 소재를 속속들이 알긴 어렵다. 하지만 내가 쓰려는 매트 소재의 특징 정도는 알고 제품을 선택하는 게 좋다. 소재를 알면 양육자가 중요시하는 기준에 맞출 수 있다. 유아 매트에 주로 사용되는 소재별 특성을 정리한 다음 표를 살펴보자.

유아 매트의 소재에 따른 특징 및 용도

	충격 흡수율	내구성	무게	안전성	용도
폴리염화비닐 (PVC)	▲	▲	▲	▼	주방, 요가 매트
폴리우레탄 (PU)	▲	▼	▲	▲	가죽 의자, 가방, 골프백
폴리에틸렌 (PE)	▼	▼	▼	▲	유아 및 주방용품
열가소성 폴리우레탄 (TPU)	▲	▲	▲	▲	폰케이스, 운동화 밑창, 도마
에틸렌비닐아세테이트 (EVA)	▼	▼	▼	▲	실내화 밑창, 욕실화

열가소성 폴리우레탄 소재는 충격 흡수율과 내구성, 안전성이 높아 가격을 제외하고는 매트로 쓰기에 가장 적합하다. 하지

만 보통 내구성이나 사용 시 편리함을 높이기 위해 여러 가지 소재를 혼합하여 만든 매트가 많고 종류도 다양하여 선뜻 구매하기 어렵다. 선택지를 좁히기 위해서는 유아 매트의 형태로 먼저 접근해보는 것이 좋다. 소재는 다양해도 형태는 아래 4가지에서 크게 벗어나지 않기 때문이다.

이렇게 정리하고 보면 복잡하게만 보이는 매트도 생각보다 어렵지 않게 선택할 수 있다. 우리 집이 1층이나 주택이 아니라면 피할 수 없는 매트. 아랫집과 아이의 안전을 위해 제대로 된 것으로 골라보자.

유아 매트의 형태별 특징

	폴더 매트	롤 매트	시공 매트	퍼즐 매트
맞춤 시공	어려움	가능	가능	가능
틈새 청소	비교적 어려움 (틈새 없는 제품도 있음)	비교적 쉬움	비교적 쉬움	비교적 어려움
로봇 청소기	2센티미터 이상은 어려움	가능	가능	2센티미터 이상은 어려움
특징	무거움. 커버 분리 가능. 접어서 보관 가능	재단이 쉬움. 얇아서 소음 방지 효과가 떨어짐	단위 면적당 가격이 비쌈. 인테리어 효과가 큼	때가 잘 탐. 복원력이 약함

부분 시공&셀프 시공으로 층간소음 줄이는 매트

폴더 매트

폴더 매트는 커버를 세탁할 수 있는 제품도 있고 접어두면 바닥 청소도 가능하다. 따라서 청소를 신경 쓰는 사람이라면 폴더 매트가 편리하다. 최근에는 윗면에 틈이 없어 먼지가 끼지 않는 제품도 출시되었다.

퍼즐 매트

퍼즐을 분리해서 청소할 수 있다. 하지만 자주 분리하면 틈이 헤져서 먼지가 쉽게 끼인다.

전체 시공으로 층간소음 줄이는 매트

시공 매트

일반적으로 열가소성 폴리우레탄 소재를 사용한다. 정확하게 재단하기 때문에 인테리어 면에서 훌륭하다. 단, 시공비와 매트 비용이 많이 든다.

롤 매트

일반적으로 PVC+PE 재질이다. 셀프 시공을 해도 전문가 못지않게 깔끔한 설치가 가능하다. 하지만 매트 두께가 얇아 소음 방지 효과는 조금 떨어진다.

유아 매트 구매 시 참고하면 좋을 사이트(www.nosearch.com)

광고나 협찬을 받지 않고 유아 매트를 비롯한 다양한 육아용품을 비교하고 추천해주는 사이트. 원하는 종류, 크기, 브랜드별로 한눈에 비교할 수 있다.

우리 아기 잘 있는지 궁금할 땐 홈캠

기록용, 사고 방지용

다재다능 홈캠

나는 결혼 전에 누가 업어 가도 모를 정도로 깊게 자는 사람이었다. 거의 평생 동안 동생과 한방을 쓰면서 다른 사람과 같이 자는 게 익숙했는데 남편과 같이 자는 건 어쩐지 신경 쓰이고 불편했다.

그런데 아이가 생기고 내 수면의 질은 바닥으로 더 곤두박질쳤다. 아기가 내는 작은 소리에도 깨기 일쑤고 울기라도 하면 정신이 번쩍 들어 바로 반응하곤 했다. 아기는 생후 2개월부터 깊은 잠과 얕은 잠을 반복하며 자는데 얕은 잠을 자다 깨서

보채면 달래주지 않고 스스로 잠드는 법을 배우도록 해야 한다. 그래서 전문가들은 엄마보다 아빠가 아기와 함께 자는 것이 좋다고 말한다. 아빠들은 보통 신경 쓰지 않고 잘 자니까. 남편은 소아청소년과 의사라 신생아 시기에는 당직 서듯 아기를 돌봤다. 하지만 아이가 어느 정도 수면 교육이 된 뒤에는 조금 보채도 신경 쓰지 않고 혼자 잘 잔다(나만 여전히 자주 깬다).

아이가 돌이 지난 뒤에는 퀸사이즈 침대에 셋이 끼어 잤다. 그러다가 360도로 회전하며 자는 아이 때문에 정말 사기 싫었던 패밀리 침대를 들였다. 아이가 20개월이 넘자 작은 사이즈의 아이용 범퍼 침대를 사서 아이를 재우고 나오는 식으로 분리 수면을 시도했다. 다행히 첫째는 한번 잠들면 잘 깨지 않는 편이라 분리 수면은 성공적이었는데 아이가 눈에 보이지 않으니 불안해서 침대와 함께 세트로 구매한 홈캠을 아이 방에 달아두었다.

내가 쓰던 홈캠은 '쁘띠메종 베이비모니터'로 카메라를 아이 침대에 설치하고, 화면이 보이는 기계는 양육자가 조작할 수 있다. 무선통신 방식이며 불연속적인 신호로 암호화되어 해킹 걱정도 없다. 아이가 움직여 소리가 나면 화면이 켜져 안전사고를 방지한다. 모니터를 사용한 뒤 아기를 실시간으로 확인하지 않아도 되니 나도 깊게 잘 수 있었고 부부만의 시간도 갖게 되었다(그러는 바람에 둘째가 생겨버렸지만). 다만 배터리가 빨리 닳아 자주 충전해주거나 충전하면서 사용해야 하는 점이 불편했다.

가끔 아이가 혼자서 꼼지락거리며 노는 모습을 홈캠으로 구경하고 있노라면 시간 가는 줄 모를 정도로 재미있다. 영상 저장이 가능하다면 육아로 바빠 놓친 아이의 모습도 다시 볼 수 있으니 분리 수면을 시도할 생각이 없더라도 추천한다.

홈캠에도 종류가 많아요
방마다 하나씩 달아볼까?

요즘 홈캠은 고정형과 좌우로 움직이는 회전형이 있어서 원하는 용도를 정한 뒤 살펴보는 것이 좋다.

홈캠 사용 목적은?

1. 분리 수면 용도로 사용
2. 분리 수면 + 아이 모습 관찰

1번이라면 고정형에 흑백 카메라를 사용해도 무방하고, 2번의 이유로 구매를 고려한다면 회전형에 화질이 좋고 화면이 공

유되거나 저장되는 제품을 고르는 편이 낫다. '이글루캠S3' 이상 모델은 SD카드 또는 클라우드에 파일을 저장할 수 있는데 아이를 계속 모니터링하기 어렵다면 SD카드로 모든 영상을 저장하는 방식보다 클라우드에 저장하고 유사시에만 돌려 보는 것이 효율적이다. '샤오미 CCTV 가정용 홈 카메라'는 초고화질 HD 300만 화소의 영상이고, 회전 기능이 있는 이글루캠에 비해 가성비가 좋다. '헤이홈 스마트 홈카메라'는 제품 구매 이후 클라우드 구독 같은 월 이용료와 약정, 설치비 같은 부가 비용이 없다는 게 장점이다. 또한 군사 기밀 수준의 암호화 규격을 사용해 홈캠 중에서 가장 보안이 잘 된다고 안내되어 있다.

하지만 맘카페에서 카메라를 조작한 적이 없는데 갑자기 카메라가 양육자를 향해 움직였다는 사례의 글이 종종 올라온다. 이 논란을 두고 헤이홈에서는 사용자의 실수나 함께 사용하는 사람의 조작 가능성이 있다고 답했다. 더불어 헤이홈 전 제품의 보안 방식은 권한이 있는 사용자 외에 접근이 불가한 화이트 리스트 방식으로 보호된다고 대답했다.

홈캠은 가장 중요한 우선 순위를 결정하면 의외로 쉽게 어떤 걸 사야 할지 답이 나온다. 아기 침대에서 아기가 자는 동안만 사용한다면 큰 문제는 없겠지만 거실과 같은 공용 공간에 캠을 설치한다면 사생활 보호 차원으로 무선통신 방식으로 불

연속적인 신호로 암호화되어 사생활 걱정이 없는 홈캠을 선택하길 바란다.

꿀잠 자는

수면템

빠른 육퇴 만드는 백색소음&수유등

자장자장 우리 아가

꿀잠 자게 해주는 수면의식 아이템

곤히 잘 자는 사람을 두고 우리는 아기처럼 잘 잔다고 한다. 그런데 신생아는 배고픔과 배변 활동으로 밤낮 없이 2~3시간 간격으로 깬다. 그러니 아기가 성인보다 많이 잔다고 해서 잘 자는 것의 대명사가 되기에는 무리가 있다.

아이들이 신생아였을 때, 밤새 수유하느라 잠을 설친 나 대신 산후도우미는 우는 아기를 온갖 방법으로 달래주었다. 첫째의 산후도우미는 아이 다섯을 키우고 있는 베테랑 엄마였다. 그분은 아기가 울어도 당황하지 않고 인자한 미소로 조용히 노

래를 불러주고 그래도 보챌 때는 베란다로 나가 아기에게 말을 걸고 찬송가를 불러주었다. 늘 다정하게 아기를 대하는 모습이 존경스러울 정도였다.

둘째의 산후도우미는 유독 우렁차게 울어대던 아이 때문에 고생이 많으셨다. 그분은 아기가 잠들면 바로 옆에 유튜브로 물 흐르는 소리를 크게 틀어두었다. 백색소음을 사용해본 적이 없어 처음에는 효과가 있을지 반신반의했지만 아기는 생각보다 잘 잤다. 그러자 문득 궁금해졌다. 어느 쪽이 아기를 재우는 데 효과적일까?

많은 양육자가 아기를 재우거나 달랠 때 '쉬~' 소리 또는 스마트폰이나 백색소음기로 백색소음을 들려준다. 실제로 백색소음은 아기가 엄마의 포궁에서 들었던 소리와 비슷해서 잠드는 데 도움이 된다고 한다. 하지만 모든 아기가 이 소리를 좋아하는 건 아니다. 나는 아기를 재울 때 친정 부모님이 미국에서 사 오신 '피셔프라이스fisher-price'의 '수드 앤드 고 지라프Soothe and Go Giraffe'라는 기계를 사용했다. 기린 모양의 이 기계에는 자장가와 치직거리는 백색소음, 자연의 소리가 포함되어 있다. 두 아이 모두 백색소음에는 반응이 없었지만 자장가를 틀어주면 종종 음악이 끝날 즈음 잠이 들었다. 물론 쉽게 잠들지 않아서 여러 번 반복한 적도 있지만 우리에게는 나름 수면 의식템이었다.

백색소음기는 유튜브나 앱 등을 활용해 아이가 편안하게 받아들이는지 먼저 알아보고 구매해도 늦지 않다. 수유등과 백색소음 기능이 함께 있는 제품도 있다. 비록 전용 수유등보단 빛이 약하지만, 다용도로 사용하고 싶다면 고려해보자.

백색소음기를 장시간 크게 틀어놓으면 청력에 손상을 줄 수 있으므로 50데시벨 이하로 사용하는 게 좋다. 40~50데시벨은 도서관이나 조용한 사무실에서 나는 정도로 꽤 작은 소리다.

백색소음기 제품별 특징

제품명	에어맘	말랑하니	모르미르
사운드	백색소음 4종 쉬 소리 3종 자연 소리 5종 편안한 소리 6종	백색소음 7종 팬 소리 7종 자장가 3종 자연&편안한 소리 9종	백색소음 7종 팬 소리 7종 자장가 8종 자연 소리 9종
음량 (dB)	30단계 (0~70)	5단계 (44~69.5)	7단계 (37~89)
타이머	30분, 60분, 연속 재생	30분, 60분, 90분	30분, 60분, 90분
무드등	7가지 컬러	1가지 컬러	7가지 컬러
기타	울음 감지 센서 소리 녹음 잠금 기능 수유등 기능	버튼 라이트	버튼 라이트 잠금 기능

소음측정기 앱으로 데시벨을 측정할 수 있으니 참고하자.

둘째를 돌보던 산후도우미처럼 아기 얼굴 맡에 백색소음을 크게 틀어놓는 것은 피해야 한다. 전문가들은 백색소음기를 아기와 최소 30센티미터 이상 떨어뜨리라고 권고하지만, 한 연구에서는 2미터 이상 떨어진 곳에 두어야 안전한 것으로 나타났다. 그만큼 멀리서 들리는 40~50데시벨의 작은 소리라면 백색소음기를 두는 의미가 있나 싶다.

소아청소년과 전문의 하정훈 원장은 아기를 재울 때 백색소음에 의존하지 말고 가능하면 일상에서 나는 소리에 익숙해진 상태에서 스스로 잠들도록 가르치라고 한다. 하지만 나 역시 과거로 돌아간다 해도 아기를 자연스러운 소음에 노출시키기는 쉽지 않을 것 같다. 신생아를 둔 양육자는 누구보다 피곤하니까. 나는 아이가 깨지 않고 오래 잤으면 하는 마음에 집에서도 양말을 신고 경첩에 기름칠까지 했다. 어떤 양육자든 아기가 자꾸 깨는 게 달갑진 않을 것이다. 그래도 아이 다섯을 키운 산후도우미처럼 아기가 깨도 괜찮다는 여유로운 마음으로 아이에게 세상의 다양한 소리를 들려주면 아이는 예민하지 않고 무던하게 잘 자라날 것이다.

수유등은 가볍고 휴대하기 쉬운 작은 크기를 사는 것이 좋다. 우리 부부는 아주 작은 손바닥만 한 크기의 수유등을 사서 아기가 잠들면 잠자리를 정리해주거나 분리 수면을 할 때 랜턴처럼 들고 다니는 등 다양하게 사용했다.

'누마램프 수유등'은 납작한 원 모양의 수유등으로 무난한 디자인을 선호하는 사람이 좋아할 법하다. 한 가지 단점은 버튼 위치가 등 중앙에 로고 형태로 돼 있어서 깜깜한 곳에서는 찾기 번거롭다는 것이다. '말랑하니 뒤집는 수유등'은 제품을 뒤집는 것만으로도 작동된다. '디라이징dRising'의 '도토리 무드등'은 기본 기능에 충실할 뿐 아니라 오브제로서도 매우 아름답다. 터치하는 곳은 원목 재질이고, 등 부분은 실리콘이어서 깨질 위험도 없다. 디자인, 패키지, 설명서가 감각적이어서 지인에게 출산 선물로 주기도 했다.

수유등 제품별 특징

제품명	누마램프 수유등	말랑하니 뒤집는 수유등	디라이징 도토리 무드등
조작법	터치	뒤집어 놓기	터치
타이머	12단계	4단계	없음
빛	5단계	2단계	4단계
특징	거치형 고리	독특한 조작 방식	등 부분이 실리콘

수유등의 경우 어두운 방에서 잠드는 걸 무서워하는 아이를 위해 쓰면 좋고 불을 켜지 않고 물건을 찾거나 화장실을 갈 때

써도 좋다. 요즘은 어른도 백색소음기를 켜고 잔다고 한다. 육퇴하고 난 뒤 깊은 꿀잠을 자고 싶다면 백색소음기를 사용해보는 것은 어떨까?

엄마 품처럼 따뜻하고 포근한 아기 침대

신생아부터 유아까지

길고 오래 쓰는 아기 침대

"아야!" 깊은 밤, 곤히 잠든 남편이 마른하늘에 날벼락처럼 소리를 질렀다. 둘째 발에 얼굴을 정통으로 맞은 것이다. 얼마나 아플지 알 것 같아서 웃음이 났지만, 한편으론 안쓰럽기도 했다. 남자아이는 뼈가 묵직하고 단단해서 살짝만 부딪혀도 정말 아프다. 아빠는 신음을 내며 괴로워하는데 둘째는 여전히 꿈나라에 있다. 남편은 아이의 다리를 조심스럽게 내리면서 투덜댔다.

첫째 때는 원목 아기 침대를 서너 달 정도 대여해서 쓴 뒤 범

퍼 침대로 잠자리를 바꿔줬다. 낮은 범퍼 침대는 아이가 드나들기 편하고 안전했지만 아기띠에서 잠들거나 어른 침대에서 재우다가 옮겨놓을 때는 꽤 불편했다. 아이가 깨지 않게 최대한 살살 가드 안쪽으로 넘어가 아이를 눕혀야 했는데 그것도 어려울 때는 한쪽 가드를 열어서 아이를 누인 뒤 조용히 지퍼와 끈으로 묶어두곤 했다. 아이가 혼자 일어설 때부터는 범퍼 가드를 잡고 넘어 다니기도 해서 혹여나 바닥에 머리를 박을까 봐 바깥쪽에 두꺼운 매트를 깔고 사용했다.

아이가 돌이 지나면서부터는 분리 수면이 잘 되지 않았다. 아이가 범퍼 침대에서 혼자 자다가 새벽에 우리 침대로 넘어와서 셋이 같이 자는 불편하고 괴로운 상황이 벌어졌다. 그래서 최후의 보루였던 패밀리 침대를 들였다.

패밀리 침대는 퀸 침대에 슈퍼싱글을 붙인 널찍한 크기였는데 이상하게도 늘 좁게 느껴졌다. 그러다가 둘째가 생기고, 아기 침대를 졸업할 무렵에는 패밀리 침대에서 모두가 함께 잤다. 이런 환경을 이야기하면 듣는 말이 있다. "지금 분리 수면하지 않으면 초등학교 가서도 계속 같이 자야 한다." 그만큼 나중에 분리 수면을 시도하는 것이 힘들다는 의미다. 그래서 침대 선택은 신중해야 한다. 침대는 집에 있는 어떤 가구보다도 부피가 크고, 중간에 바꾸기 어려운 육아템이라서 언제까지 어디에 재울지 미리 구상해놓고 구매하는 것이 좋다.

신생아 침대는 사용 기간이 매우 짧아서 대여하는 것도 좋다. 단, 사용 기간이 길면 사서 쓰는 게 합리적이니 참고하기 바란다. 높이와 길이가 조절되는 아기 침대를 구매하면 신생아부터 최대 5세까지 사용할 수 있다. 신생아 이후 함께 잘 생각이라면 4개월 즈음부터 패밀리 침대나 데이베드 침대를 부부침대 옆에 붙여 사용하는 것을 권장한다.

분리 수면을 한다면 신생아용 침대는 대여해서 쓰고 길이 조절 침대에 가드를 붙이거나 가드가 높은 데이베드 침대를 구매하는 걸 추천한다. 범퍼 침대는 안전한 바닥 생활과 관리의

아기 침대 형태별 특징

종류	특징	대표 브랜드 및 모델
높이 조절 침대	신생아부터 잡고 서는 시기까지 사용 3단계 높이 조절	쁘띠라뺑, 세이지폴, 리안 드림콧
높이, 길이 조절 침대	신생아부터 유아까지 사용 추가 확장 세트로 길이 조절	리엔더, 스토케 슬리피
길이 조절 키즈 침대	신생아부터 초등까지 사용 3단계 길이 조절	이케아 부숭에, 이케아 민넨, 리바트 꼼므
범퍼 침대	가드가 있는 저상형 침대 패밀리 침대로 사용	알집매트, 쥬다르, 꿈비, 도노도노
데이베드 침대	가드가 있는 싱글 침대	한샘 샘키즈, 레이디가구, 일룸 쿠시노

편의성이라는 이점이 있지만 잠든 아이를 누일 때는 양육자의 허리에 무리가 갈 수 있다는 점을 염두에 두어야 한다. 마찬가지로 가드가 높은 신생아용 높이 조절 아기 침대(또는 높이와 길이 조절 아기 침대)도 아기를 넣기 힘들다.

대부분은 양육자가 잠시라도 아이와 같이 누워 재우는 경우가 많다. 그래서 너무 좁은 폭의 침대는 추천하지 않지만 좁은 집에 침대를 둬야 한다면 폭이 좁은 길이 조절 침대가 좋다.

우리 부부는 아이가 6세, 4세가 될 때 각자 침대를 사주고 분리 수면을 하기로 했다. 우리가 선택한 침대는 '리바트 꼼므'로 이케아 부숭에 길이 조절 침대와 유사한데 가드가 비교적 길어 몸부림치며 자는 아이들에게 적합하겠다 싶어 선택했다. 늘 엄마 옆에서 자겠다고 난리인 아이들 때문에 손 한번 잡아본 지 오래된 우리 부부가 어서 오붓하게 잘 날을 손꼽아 기다린다.

둥글둥글 예쁜 머리 만드는
두상 베개

두상은 유전일까 후천적일까

그것이 궁금하다

예쁜 두상의 중요성은 두 번, 세 번 강조해도 지나치지 않다. 예쁜 두상을 만들려면 아기 머리 방향을 바꿔가며 재우는 게 최선이지만 아이가 싫어한다면 양육자가 아무리 노력해도 어쩔 수 없으니 베개가 필수다.

지안이는 4개월이 될 때까지 두상을 동글동글하게 만들어 줄 생각을 못했다가 뒤늦게 두상 베개를 구매했다. 그러나 이미 뒤통수가 납작하게 눌려버린 다음이었다. 출산 전에 두상 베개를 사서 집에 오자마자 써야 했다며 뒤늦게 후회했지만 이

미 늦었다.

아기의 두상을 예쁘게 만들 수 있는 시기는 생후 4개월까지다. 아이가 100살까지 산다고 가정하면 4개월은 극히 짧은 시간이지만 옆으로 누워서 자지 않으려는 아이를 부모가 달래기에는 너무나도 긴 시간이다. 그 시기를 놓치면 평생 납작한 머리 모양으로 살아야 하니 볼 때마다 미안한 마음이 든다.

이와 관련해 주말마다 육아를 도와주러 오시는 시어머니와 작은 신경전이 있었다.

"애 불편해 보이는데 베개는 빼는 게 낫지 않겠니?"

"안 돼요, 어머님. 제가 지안이 때 눕혀만 놔서 머리 모양이 납작해진 것 같아 서안이는 예쁘게 만들어주려고요. 조금 불편해도 해주는 게 좋을 것 같아요."

"아니 그래도 애가 불편해 보이는데…."

어머님은 아이가 두상 베개 때문에 불편할까 봐 걱정하셨다.

"남편도 뒤통수 납작해서 머리 손질하기 힘들더라고요. 여자는 머리가 길어서 가려지는데 남자애라 관리해줘야 할 것 같아요."

대화를 보면 알겠지만 나는 시어머님께 하고 싶은 말을 다 한다. 내 육아 방식을 솔직히 말씀드려야 도와주러 오실 때 서로 편하고, 이해 범위가 늘어난다고 믿기 때문이다.

그러다 대화가 두상은 유전인지 후천적으로 만들어지는지를 논하는 이야기로 흘러갔다. 내가 혼잣말로 "지안이도 머리가 납작하고, 서안이도 좀 눌려서… 애들 머리는 아빠를 닮았나봐."라고 하자 어머님이 "너는 어떤데?"라고 물어보셨다. 좀 당황했지만 나는 당당하게 "저는 짱구거든요."라고 대답했다. 그러자 어머님도 "그럼 진호(남편)도 유전인가 보네."라며 순순히 수긍하셨다. 어쨌든 뒤통수 눌린 것은 어머님이 돌려 눕히지 않아서가 아니라는 것으로 대화는 끝났다. 의도치 않게 어머님께 남편 뒤통수를 흉본 기분!

그런데 이 이후로 갑자기 궁금해졌다. 정말로 두상은 유전일까? 아니면 만들어지는 걸까? 인터넷 카페나 블로그에는 근거 없는 의견들이 분분했다. 왜 이런 중요한 사실을 아무도 제대로 알려주지 않을까? 어른들의 말씀대로 아이 머리를 계속 돌려줘야 예쁜 두상이 만들어지는 것일까?

머리 모양이 심하게 납작하게 눌린 것을 보통 '사두증'이라고 한다. 사두증은 두개골 조기유합증과 자세성 사두증으로 나뉜다. 이 중 자세성 사두증은 외부 힘이 머리로 가해져 두개골이 편평하고 비대칭으로 발달하는 것이다. 안타깝게도 영아 돌연사 증후군을 예방하기 위해 전문가들이 아기를 똑바로 눕혀 재우는 것을 권장하면서 자세성 사두증이 급격히 증가하고 있다고 한다. 등 센서가 있는 아기를 돌보거나 예쁜 두상을 만들어주고 싶은 양육자들은 여전히 아기를 엎어서 재우는데, 나는 남편이 돌연사 위험을 하도 강조해서 첫째의 등 센서가 민감했던 신생아 때에도 항상 똑바로 눕혀 재웠다.

보통 자세성 사두증은 생후 6주까지 가장 흔하게 발생하고 생후 4개월까지 증가하다가 돌이 지나면서부터는 서서히 줄어들어 2~3세가 되면 거의 발생하지 않는다고 한다. 아기들이 생후 4개월까지는 머리를 가누지 못하고 누워 있는 시간이 많은 데다 머리둘레가 급속히 커지기 때문에 머리 눌림도 가장 심해지는 것이다. 그러다가 생후 6개월 전후에 스스로 머리를 가누게 되면 두개골 모양도 점차 동그래진다.

그럼 납작한 뒤통수는 유전일까 아닐까? 아기가 태어났을 때부터 눌려 있다면 유전이거나 기형일 가능성이 있다. 그래서 영유아 검진을 받으면서 함께 진찰해봐야 한다. 그런 경우가 아니라면 대부분은 후천적인 요인으로 생긴다.

통계적으로 남아나 첫아이, 선천 사경, 발달 지연, 생후 6주 내 똑바로 누워서 자는 자세, 젖병으로만 수유, 하루 3번 미만 엎어놓기, 한쪽으로만 누워 자거나 특정 자세를 선호하는 아이에게 자세성 사두증이 많이 나타난다고 한다. 그래서 이를 예방해주는 것이 중요하다. 아이를 잘 관찰하면서 자는 자세를 다양하게 바꿔주고, 아기가 깨어 있을 때 터미 타임을 해줘야 한다. 나는 목 가누는 연습이 힘들어 보인다는 이유로 아이에게 터미 타임을 몇 번밖에 해주지 않았다. 뒤늦게서야 머리 모양이 예뻐지기엔 턱없이 부족했을 거란 생각에 미안함이 몰려왔다.

예쁜 두상 만드는 아이템 등장!
효과는 과연?

지안이가 생후 4개월이 지날 무렵 급하게 산 두상 베개가 있었다. 메시 소재이며 머리 무게를 분산해주는 특수한 구조였다. 유사한 두상 베개가 많았지만 이 제품이 가장 후기가 좋고, 많이 사는 것 같아 8만 원이나 하는데도 지안이의 예쁜 뒤통수를 생각하며 지갑을 열었다.

그렇지만 아직도 의문이다. 이 베개가 정말 지안이의 머리가 예뻐지는 데 조금이라도 효과가 있었는지 말이다. 지안이의 뒤통수는 여전히 납작하다. 그저 '이거라도 해줘서 다행이야'라며 스스로를 위로하기 위한 구매였다는 생각이 든다. 어느 양육자든 그렇지 않을까? 지푸라기라도 잡고 아이를 뒤 짱구로 만들어주고픈 마음. 베개에 누인 다음 수시로 머리를 돌려주고, 그마저도 안 되면 먼 훗날 아이에게 엄마는 최선을 다했으나 네가 옆으로 누워 자지 않았다고 이야기해주지 뭐.

둘째는 달랐다. 엄마의 두상 만들기 프로젝트를 잘 따라줬다. 그런데도 어느 순간 뒤통수가 눌려가는 것을 보니 걱정이 돼 우연히 발견한 '시오나 더블업필로'를 사용해봤는데 둥근 머리를 받쳐주는 형태에만 집중한 다른 두상 베개와 달리 이 베개는 아기들의 자는 모습을 반영해 설계한 노력이 돋보였다.

아이들이 가만히 자는 것을 본 적이 있던가? 대부분의 아이는 '천방지축天方地軸', 말 그대로 하늘과 땅의 위아래도 모른 채 요란하게 잔다. 신생아는 비교적 뒤척임이 적지만 자칫 머리를 조금이라도 돌려 베개에서 벗어나면 아무리 좋은 베개를 쓴들 무슨 소용인가! 두상 베개들은 보통 베개 아랫부분이 경추 압박을 피해 낮게 설계되기 때문에 아기들은 자주 베개에서 벗어난다. 그런데 더블업필로는 콩(친환경 소재의 웰빙 슬립폼)을 넣은 것 같은 길쭉한 주머니(웰빙 슬립헤더) 덕분에 아기 머리가 베개 밖으로 나가지 않는다.

아기가 이 베개를 베고 자는 영상을 보니 마치 베개가 아기 머리를 따라 움직이는 것 같아서 베개 속에 자석이든 전자 장치든 뭐라도 들어 있는 줄 알았다. 실제로 써보니 특별한 장치는 없었지만 양옆이 다른 두상 베개에 비해 높고 웰빙 슬립 헤더 덕분에 머리가 밖으로 나갈 때쯤 다시 베개 안으로 스르륵 들어갔다. 이 제품 덕분에 아이는 재운 모습 그대로 베개를 베고 자는 빈도가 높아졌다(그렇다고 전혀 이탈하지 않는 것은 아니었다).

사실 두상 교정 효과에 대해서는 반신반의했다. 구매할 때부터 '아이가 벌써 6개월인데 효과가 있겠어? 너무 늦은 것 같은데…'라며 반 포기 상태였다. 그런데 사용한 첫날부터 이틀에 한 번씩 사진을 찍어 기록해보니 약 2주 만에 머리가 꽤 동글동글해졌다. 이것만으로도 나는 매우 만족한다. 첫째의 납작한 두상이 아쉬워서 동그란 뒤통수를 가진 또래 아이를 볼 때마다 부러움 반, 걱정 반이던 나는 둘째의 동그란 뒤통수를 쓰다듬으며 뿌듯함을 느낀다.

그런데 한 가지 문제점이 있다. 소아청소년과 의사들은 베개를 포함한 그 어떤 수면용품도 권장하지 않는다. 특히 이러한 두상 베개를 주로 사용하는 생후 6개월 이전의 아이는 베개 때문에 질식할 위험이 있다. 또한 머리가 몸통보다 상대적으로 큰 영아 시기에는 베개 사용 시 목이 더 많이 꺾이고 척추가 휠 위험이 있다.

아니 그럼, 우리 아기 머리는 누가 책임지나! 머리 모양을 예쁘게 만드는 안전하고 가장 좋은 방법은 신생아 때부터 터

미 타임을 시키는 것뿐이다. 터미 타임은 하루에 2~3회, 1회에 3~5분씩 하다가 서서히 시간을 늘려가면 된다.

두상을 교정할 수 있는 시기는 짧게는 4개월, 길게는 1년이라고 한다. 최소한 그때까지는 한 번이라도 더 안아주고, 놀아주자. 애 키워줄 것도 아니면서 이런 이야기기를 하는 어른들이 참 얄밉고 이 말도 듣기 싫었지만, 미안하고 아쉬운 그때가 오기 전에 아기가 불편해하더라도 머리를 돌려 눕히고, 터미 타임을 많이 해주자.

#베개 이탈 필수

#가만히 누워 자지 않음

#가끔 아이가 안 보일 때도 있음

잠이 솔솔 오는 이야기 자장가, 그림자 극장

무한 반복 잠자리 독서
읽다 지쳐 내가 잠들겠네

지안이가 보는 영어 원서 그림책 중에 『If you give a mouse a cookie』(Laura Joffe Numeroff)라는 책이 있다. 내용은 이렇다. 주인공 남자아이가 쿠키를 먹고 있는데 생쥐가 나타나 쿠키를 달라고 한다. 아이가 쿠키를 주니 그다음에는 우유를 달라 하고, 우유를 주자 빨대를 달라고 하더니, 이제는 냅킨을 달라고 한다. 이 염치없는 생쥐는 끝없이 요구 사항을 늘어놓다가 다시 목이 마르다며 우유를 달라고 한다. 그러면 그다음은? 그렇다. 또다시 쿠키를 달라고 한다. 이야기는 이렇게 꼬리에 꼬리를 물고 이어진다. 얼핏 생쥐의 행동이 웃기고 귀엽지만, 나는 이 이야기를 읽으며 숨이 턱 막혔다. 끝없는 요구를 늘어놓는 생쥐와 자기 전 아이들의 모습이 매우 똑같았기 때문이다.

아이들은 왜 이렇게 잠들기 싫어하는 걸까? 아이들과 놀다 피곤이 몰려오면 주말마다 누워서 잠만 자던 아빠의 모습이 떠오르면서 왜 그러셨는지 이해하게 된다. 아니 아빠만 피곤한가? 엄마야말로 온종일 엉덩이 붙일 틈도 없다. 그러니 다른 시간은 어쩔 수 없어도 밤잠만큼은 편히 자고 싶다. 그런데 아이들은 더 놀고 싶은 마음에 늘 밤잠을 거부한다.

지안이는 신생아 시절부터 지지리도 잠이 없었다. 수면 의식을 하고 자리에 눕혀서 자장가를 불러줘도 잠들기는커녕 울기만 했다. 안아도 울고 내려 놓아도 울어서 결국 수면 교육의 하나인 퍼버법을 썼다. 다행히 효과가 있어서 그 이후로 점점 울음이 짧아지고 금세 잠이 들었다. 그러나 14개월이 지나 말이 트이면서부터는 새로운 차원의 잠 거부가 시작됐다.

그즈음에는 잠자리에 들기 전 수면 의식으로 기저귀를 갈고, 양치하고, 책을 3권 정도 읽고, 그날 있었던 이야기도 나누고, 잘 자라고 인사도 여러 번 하고, 자장가까지 10곡 넘게 불러줬다. 그런데 조용히 잘 누워 있던 아이가 갑자기 벌떡 일어나서 "물!"을 외친다. '아…. 일어나기 싫은데…' 짜증이 난다. 그래도 목이 마르시다니 물을 떠다 먹인다. 다시 누워서 "이제 자자." 라고 인사한다. 그런데 갑자기 이번에는 "쉬했어. 쉬! 쉬! 쉬!"라며 기저귀를 갈아줄 때까지 떼를 쓴다. '좀 전에 갈아준 새 기저귀에 쉬 한 번 했다고 갈아달라니. 낮에는 기저귀가 터질 것 같아도 싫다더니!' 이번에는 남편이 한숨을 푹 쉬며 일어나 기저귀를 얼른 갈아준다. 손길은 점점 거칠어지고 다급해진다. "기저귀 갈았으니까 자자." 하고 다시 눕는다. 나도 남편도 졸려서 화가 치밀어 오르지만, 꾹 참는다. '이제 자겠지'라고 생각하며 누워서 잠에 빠져들려는데 "우유, 우유, 우유 줘. 우유~." 한다. "안 돼. 아까 이 닦았잖아. 지금 잘 시간이야."라고 말해보지만 계속되는 우유 타령에 이내 포기하고 다시 일어선다. 우유를 다 먹인 뒤에는 신경질적으로 "그만! 자는 거야."라고 말하고 누워서 화가 난 마음을 가라앉힌다. 그다음에는? 본격적인 무한 루프의 시작이다. 다시 쉬를 하고, 기저귀를 갈고, 우유를 마시고. 지금 생각해도 그때는 밤마다 아이를 재우는 게 스트레스였다.

시간이 흘러 지안이의 잠자리 거부가 조금 줄고, 우리도 재우기 전 우유를 더 먹이고, 기저귀를 한 번 더 갈아주고, 물통을 머리맡에 들고 들어오는 등 순발력을 발휘하면서 재우는 게 조금은 수월해졌다. 내가 왜 『If you give a mouse a cookie』를 싫어하는지 이제 이해가 가는가?

놀고 싶은 아이를 위한 수면 도우미
ASMR이 따로 없는 옛날 이야기

우리는 지안이의 잠자리 요구 사항을 들어주거나 없앨 생각만 하느라 아이의 시선을 다른 곳으로 돌릴 방법은 떠올리지 못했다. 그런데 이렇게 잠들기 싫어하는 아이를 위한 육아템이 있었다. 바로 '그림자 극장'이다. 어린 시절 학교 수업에서 쓰던 OHP 기계를 기억하는가? 이 제품은 그것처럼 흑백 또는 컬러 그림을 보며 성우가 읽어주는 동화를 들을 수 있다.

천장에 비추면 그림이 자동으로 돌아가며 작동한다. 그런 장난감이 있다는 것은 알았지만 필요하다는 생각을 못했는데 가정보육이 길어지면서 지인 추천으로 '키즈위드kids with books'의 '이야기시네마 그림자 극장(이하 이야기시네마)'을 들였다.

이야기시네마가 집에 온 날 거실에 함께 누워 천장에 그림자를 비춰주자 어두운 곳을 좋아하지 않던 지안이도 한참을 집중해서 보았다. 다음 날에는 낮잠 자기 전에 이야기시네마를 틀어줬더니 혼자 보다가 스르르 잠들어버리는 기적 같은 일이 일어났다. 지안이는 낮잠도 심하게 거부해서 생후 162일째 되던 날 생애 최초로 울지 않고 졸다가 잠이 들었다. 어찌나 놀라고 기뻤던지 그날이 생생히 기억난다. 세 돌이 지날 때까지도 그런 일은 손에 꼽을 정도였으니 혼자 잠든 건 실로 대단한 사건이었다.

그림자 극장 기계가 아이들을 잠들게 하는 가장 중요한 요인은 다음과 같다.

첫 번째, 불 끄기

보통 자기 싫어하는 아이들은 불 끄는 것부터 싫어한다. 불을 끄면 자야 한다는 걸 알기 때문이다. 그런데 그림자 극장은 어두운 곳에서 봐야 하니 불을 끄는 걸 쉽게 받아들인다.

> **두 번째, 아이 눕히기**
>
> 이게 얼마나 어려운지는 키워본 사람만 안다. 아이는 잠자리에 가만히 누워 있는 법이 없다. 벌떡 일어나고, 굴러다니고, 앞구르기를 하는 등 난리를 친다. 그런데 그림자를 제대로 보려면 앉아도, 서도, 굴러도 안 된다. 무조건 천장을 향해 누워야 한다. 와, 이렇게 똑똑한 물건이 있다니!

그림자 극장 중 가장 대표적인 제품 3가지를 소개한다. 내가 쓴 '키즈위드'의 '이야기시네마 그림자 극장'과 '두두스토리doodoostory'의 '베이비 그림자 극장', 그리고 '자미재미'의 '그림자 동화극장'이다. 키즈위드와 두두스토리 제품은 '백설 공주', '아기돼지 삼형제'와 같은 명작동화 위주로 구성되어 있다. 중국어에 관한 관심이 늘어나면서 이야기시네마 그림자 극장에는 한글, 영어뿐 아니라 중국어 팩이 있다. 자미재미에는 명작동화가 일부 포함되어 있으나 창작 이야기와 주제별 그림이 더 많아 양육자가 스토리 가이드북을 참고해 이야기를 해주는 형식이다.

이야기시네마는 한글 팩만 구매하거나 한글+영어 또는 한글+중국어 세트를 사야 한다. 영어 또는 중국어만 따로 구매할 수 없다. 또 이야기시네마의 한영 조합 세트에는 한국어 5권, 영어 5권으로 총 10권이 들어 있는 데 반해 두두스토리는 명작과 전래동화 각 9권씩 총 18권이 포함되어 있어 수록 이야기 개수

가 훨씬 많다. 두두스토리에는 24개월 이상 아이를 위한 '키즈 그림자 극장'도 있는데(베이비 그림자 극장과 팩 호환은 안 됨), 명작과 전래동화가 총 60권이나 수록되어 있고, 이미지가 움직인다.

자미재미는 주제가 있는 몇 가지 그림을 가이드북으로 확인하고 양육자가 직접 이야기를 만들어 들려주는 방식으로 아이의 상상력을 키워주고 싶은 양육자에게 추천한다. 가격 면에서도 앞의 두 제품보다 저렴하다. 나는 잠자리에서 휴대폰을 사용하지 않고, 알아서 이야기를 들려주는 제품을 원해서 자미재미는 고려하지 않았다.

그림자 극장 대표 제품 비교(한국어 버전 기준)

제품명	키즈위드 이야기시네마 그림자 극장	두두 베이비 그림자 극장	자미재미 그림자 동화극장
구성	본체 명작동화 5권 달님 자장가 1권 팩 6개 팩 보관함 팩 트레이	본체 명작동화 5권 전래동화 5권 팩 12개 자장가&동요 카드 6종 팩 보관함	본체 그림자휠 24개 AA건전지
언어	한국어, 영어, 중국어 지원	한국어, 영어 지원	앱으로 효과음, 영어 지원
특징	1, 2, 4회 반복 재생	3회 연속 재생 각도 조절 가능	직접 들려주는 이야기

(2024년 기준)

앞의 두 제품 중 이야기시네마를 선택한 가장 큰 이유는 하나의 기계로 3가지 언어 팩이 호환된다는 점 때문이었다. 그러나 최근 리뉴얼된 두두스토리 그림자 극장도 언어 호환이 가능해졌다고 하니 제품 버전을 잘 살펴보고 구매하기 바란다.

나는 그림자 극장 영어로 영어 노출을 하려 했지만, 단지 잠만 재울 목적이라면 괜히 언어 팩에 헛돈을 쓸 필요는 없다. 영어가 익숙한 아이가 아니라면 집중력이 떨어져 오히려 잠들기 어려울 수 있기 때문이다. 그러니 두 브랜드 중 어느 것을 선택할지 고민할 때는 성경 내용이 포함된 내용을 원한다면 키즈위드를, 그렇지 않으면 두두스토리를 선택하면 된다. 키즈위드는 파이디온 선교회의 음원을 이용한 성경 사운드북을 만드는 곳으로 다양한 성경 이야기를 그림자 동화로 만나볼 수 있다. 그것 외에는 큰 차이점은 없고 서로 장단점이 있으니 어느 쪽을 사도 후회 없는 육아템이 될 것이다.

쪽쪽쪽 빨며 잠드는 노리개 젖꼭지

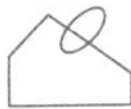

울음 방지 버튼

만능 노리개 젖꼭지

하품하며 짜증을 내는 아기를 침대에 누이자 슬슬 울음 시동을 걸며 인상을 심하게 찌푸린다. 몸을 뒤틀며 큰 소리로 울기 직전 아기를 달래기 위해 필요한 것은? 바로 노리개 젖꼭지('쪽쪽이', '공갈 젖꼭지'라고도 불린다)! 미혼일 때는 노리개 젖꼭지를 물고 있는 아이가 마냥 귀여웠다. 그런데 결혼하고 아기가 생기자 그 모습이 마냥 좋아 보이지만은 않았다. 둘째 서안이가 7개월에 들어서면서 아랫니 2개가 슬쩍 머리를 드러냈기 때문이다. 아직 1밀리미터 정도밖에 안 올라왔지만, 아이의 치열이 고르지 않을까 봐 걱정되면서도 밤마다 노리개 젖꼭지를 안 물리고 재울 자신도 없었다.

첫째 지안이는 늘 20분은 자지러지듯이 울어야 잠들었지만, 노리개 젖꼭지를 물리면 그나마 안 물릴 때보다 빨리 잠들었다. 만약 이것이 없었다면 한 시간 넘게 재우지 못했을 것이다. 둘째를 임신했을 때 험난한 신생아 육아를 다시 시작할 나를 위해 제일 먼저 구매한 아이템도 노리개 젖꼭지였다.

지안이는 산후조리원에서 생활한 지 2주가 되었을 때(생후 3주 차) 노리개 젖꼭지를 처음 물었다. 당시 신생아실 선생님이 지안이가 계속 무언가 더 빨고 싶어 한다면서 노리개 젖꼭지

를 요청했기 때문이다. 소아청소년과와 치과 의사는 노리개 젖꼭지 사용을 권하지 않지만, 만약 사용하기로 결정했다면 최소 생후 3~4주 뒤에 쓰라고 말한다. 빨기는 아기의 본능이라 그전에 사용해도 큰 문제는 없지만, 모유를 먹는 아기라면 유두혼동을 일으킬 수 있기 때문이다. 그래서 수유 패턴과 수유 자세를 안정적으로 잘 잡게 되는 생후 한 달 정도가 되었을 때 사용하는 것이 낫다.

노리개 젖꼭지는 아이에게 부정적인 영향을 미친다. 대표적으로는 치열이 고르지 않게 되고, 떼기 어렵다는 문제가 있다. 보통 유치가 나오기 시작하는 생후 6개월경부터 노리개 젖꼭지 사용을 중단하도록 하는데 이때 떼지 못해 2~3세까지 사용하는 경우 부정교합(윗니와 아랫니가 바르게 맞물리지 않는 상태), 윗니 돌출, 입으로 숨쉬기, 얼굴 길이가 길어지는 등의 문제를 겪을 수 있다. 말을 배우는 시기까지 사용하게 되면 언어 발달에도 좋지 않은 영향을 미친다고 한다.

어떤 엄마는 노리개 젖꼭지의 단점을 알고 있었기에 절대 물리지 않으려 했으나 약 한 달 동안 잠들지 못하는 밤이 이어지자 결국 노리개 젖꼭지를 물리고 미래에 치아 교정비를 대주기로 결심했다. 이 엄마가 잘못된 선택을 한 걸까? 노리개 젖꼭지를 권하지 않는 소아청소년과 의사들도 안아주고, 흔들어주고, 관심사를 다른 곳으로 돌려보고, 자장가를 불러주는 등 할 수 있는 방법을 모두 시도했는데도 아이가 울음을 그치지 않는다면 노리개 젖꼭지를 물려보라고 한다. 하지만 한번 노리개 젖꼭지를 물고 잠자리에 든 아기는 계속 이것을 찾는다. 노리개 젖꼭지가 아기의 수면 의식이 된 것이다.

소아청소년과 의사의 아내이면서 혼자서 두 아이를 키운 엄마로서 말하건대, 아이가 신생아 시기에 두세 번씩 깰 만큼 잠투정이 심하다면 괜히 힘 빼지 말고 노리개 젖꼭지를 쓰자. 적절한 시기에 떼면 되니 지금 당장 잠 못 들어 힘든 것보다 낫다.

노리개 젖꼭지를 사용하면 생각 외로 좋은 점도 있다. 놀랍게도 노리개 젖꼭지를 물고 자는 아기는 그렇지 않은 아기보다 영아 돌연사 증후군으로 사망할 위험성이 적다고 한다. 자다가 뒤집어져도 노리개 젖꼭지가 받침대가 되어 숨 쉴 공간이 생기고 아이의 빨기 욕구 덕분에 숨을 더 잘 쉰다는 이유에서다. 미국소아과학회에서는 영아 돌연사 증후군 예방을 위해서 노리개 젖꼭지 사용을 추천하고 있다.

노리개 젖꼭지를 물면 더 깊게 잔다는 연구도 많다. 이 또한 아기의 빨기 욕구를 충족해줘서 진정되는 효과 덕분이다. 노리개 젖꼭지가 얼마나 오래전부터 검증된 육아 꿀템인가 하면

3,000년 된 아기 무덤에서도 이것이 발견되었다고 한다. 학자들에 따르면 이 동물 점토의 입에 난 구멍에 꿀을 넣어 아기가 빨아먹게 함으로써 아이를 달랬다는 것이다(지금은 돌 전 아기에게 꿀을 주지 않는다). 이것은 수천 년 전 고대 문헌에서 아기를 안정시키기 위해 꿀이나 설탕처럼 단것을 주던 풍습에서 비롯되었다고 한다. 지금의 노리개 젖꼭지와는 기능과 모양 면에서 다르지만, 아이를 진정시키기 위해 이러한 도구를 사용했음은 분명한 사실이다.

노리개 젖꼭지를 산다면 소재 먼저 파악하자

노리개 젖꼭지도 아기 월령에 따라 권장하는 치수가 다르다. 브랜드별로 상이하지만 대략 6개월 정도 쓰면 더 큰 치수로 바꿔줘야 한다. 자세한 사항은 구매 시 해당 제품의 사용 설명서를 확인하자. 처음 사용할 때는 아이가 노리개 젖꼭지를 삼켜 질식할 위험이 있으므로 아이의 입보다 큰 1.5인치(3.81센티미터) 이상인 것을 구매하면 좋다.

꼭지 부분은 보통 실리콘 또는 천연고무로 만드는데 천연고

무가 좀 더 부드러우나 알레르기 반응을 일으킬 수 있으므로 한 번 물려보고 반응을 살펴봐야 한다. 실리콘으로 만든 제품은 열탕 소독이 가능해 인기가 많다.

노리개 젖꼭지 손잡이와 빠는 부분을 서로 다른 재질로 만들면 그 틈으로 물이 들어가기 쉽다. 그래서 설거지 후에는 아이가 무는 쪽에 물이 고여 있지 않은지(일명 물 고임) 확인해야 한다. 요즘은 실리콘 하나로 이음새 없이 만든 일체형 젖꼭지도 나와서 물 고임 현상을 막아준다. 이 제품은 위생적으로 관리할 수 있으므로 추천하고 싶다.

플라스틱과 결합된 형태의 노리개 젖꼭지도 나쁜 것만은 아니다. '빕스BIBS'나 '프로미스FROMISE' 제품처럼 플라스틱 면이 바깥으로 휜 것을 사면 아기의 얼굴에 자국이 남는 것을 방지하고 침독도 예방할 수 있다. 손잡이가 야광이면 밤중에 아기가 깨려고 하는 절체절명의 순간에 재빠르게 노리개 젖꼭지를 찾아 입에 다시 넣어줄 수 있다.

소아청소년과 의사인 남편에게 "애들이 신생아 때로 돌아간다면 노리개 젖꼭지 안 물릴 거야?"라고 묻자 뭐라고 답했을까? "아니." 오늘도 노리개 젖꼭지를 찾는 다급한 양육자들의 손길을 응원한다.

맛있는 맘마

10초면 뚝딱 분유가 타지는 분유 제조기

엄마의 손맛이 담긴

분유 제조기

육아템 중에 기대하지 않았는데 의외로 좋았던 것을 꼽으라면 단연 분유 제조기다. 분유 제조기는 아이가 있던 지인이 강력 추천한 아이템이었다. 아이가 없을 때는 '분유야 손으로 타면 되지 왜 20만 원도 넘는 기계로 타냐'며 이상하게 생각했다. 그러나 아이 한 명 키우기도 버거운 나에게 둘째가 생겼을 때 머릿속에 번쩍 떠오른 그 이름, '브레짜'. 나도 사봤다.

요즘은 누가 애 셋을 키운다고 하면 그렇게 존경스러울 수

가 없다. 그런 분은 나라에서 고맙다고 절이라도 해야 한다. 아이 하나도 힘든데 무려 셋이라니! 아이랑 잠깐만 놀아도 쉽게 지치는 나 같은 엄마는 아이 둘을 맨손으로는 못 키운다는 생각에 브레짜 이모님의 도움을 받기로 했다. 그래도 여전히 기계가 타주는 분유가 미심쩍었으므로 먼저 중고거래로 물건을 사서 써본 다음 마음에 들면 새것을 사기로 했다.

"뿌애애앵~~~." 남자아이라 그런지 둘째는 울음소리도 우렁차다. 배고픈 게 그렇게 얼굴이 고구마가 되도록 숨넘어가게 울 일이니? 새벽에 둘째가 자지러지면 첫째가 깰까 봐 심장은 콩알만큼 쪼그라들고, 손은 후들후들 떨리고, 얼른 젖병을 아기 입에 허겁지겁 꽂아주어야 마음에 평화가 찾아왔다. 그러고 나서 문득 든 생각.

'아침에 당장 브레짜 씻고 조립해야지.'

첫째는 새벽 수유 때 어두워서 분유를 흘린 적은 있어도, 이렇게 긴박하고 전율 넘친 적은 없었던 것 같은데 배고픔을 못 참는 아기를 만나니 이 기계가 왜 필요한지 절실히 깨달았다. 다음 날 브레짜를 바로 사용할 수 있게 준비해둔 나는 새벽이 되자 여유롭게 버튼을 누르고 분유를 받아 능숙하고 우아하게 수유를 마칠 수 있었다.

분유 제조기는 크게 둘 중의 하나를 고르면 되는데 다음 표를

분유 제조기 모델 특징

제품명	베이비 브레짜	브라비
배급량	30mL 단위	10mL 단위
특징	분유량 확인 쉬움	분유량 확인 어려움 앱으로 물 조작 및 수유 기록
물 온도	온수 대기 시스템(상시 온도 유지) 36도, 38도, 40도 3단계 중 선택	직수형 가열 시스템(급속 가열) 35~70도 중 선택

보고 특징을 확인해보자. 중고거래로 구매한 구형 베이비 브레짜에서는 배급량 단위가 크다는 점이 아쉬웠다. 분유를 탈 때면 적게 줄지, 남기더라도 넉넉하게 줄지 망설여졌고, 아기가 남긴 분유를 볼 때마다 분유량이 10밀리리터씩 조절됐으면 했다. 신형 베이비 브레짜는 배급량 단위가 30밀리리터로 줄었지만 브라비가 10밀리리터 단위인 것에 비하면 여전히 버려지는 분유가 많다.

소비자의 이런 불만을 베이비 브레짜도 알고 있는지 배급량 단위를 줄이지 않는 이유를 다음과 같이 설명했다. 이와 함께 나의 생각도 정리해보았다.

미국소아과학회 권장 조유 지침 준수

브레짜가 참고하는 미국소아과학회의 글은 신생아의 분유량 증량에 관한 내용에 근거한 것으로 1회 수유량을 1온스 단위로(30밀리리터) 맞추고 있다.

의견: 한국 의사들도 30밀리리터 단위 증량을 권장하지만, 이는 전체 분유량을 늘릴 때의 기준일 뿐 양육자가 만들어야 하는 분유량의 최저 단위를 뜻하는 것은 아니라고 생각한다.

농도 편차 최소화 실현

미세하게 단위를 조절하면 같은 양을 배급하더라도 농도 편차에 영향을 준다.

의견: 일리 있는 말이다. 10밀리리터보다 30밀리리터로 배급하는 것이 농도를 균일하게 맞추는 적정 단위일 수 있다.

실제 배급 테스트를 통한 세팅 번호 부여

무게(weight)가 같은 분유라 하더라도 브랜드별로 용량(volume)이 달라서 다양한 분유를 직접 테스트해 지정된 세팅 번호를 부여했다.

의견: 테스트를 통해 분유 농도를 맞추기 위해 30밀리리터 조유량을 고집한다고 한다. 30밀리리터 단위 조유의 직접적인 근거는 아니지만, 과학적인 접근이다.

분유 농도에 민감해 변비나 설사가 잘 생기는 아기라면 농도 편차가 적은 베이비 브레짜를 사용하는 것이 좋다. 그러나 간혹 분유 제조기가 탄 분유의 농도가 묽어서 아기가 변비에 걸려 고생했다는 후기가 있다. 내가 쓰는 기계 역시 120밀리리터를 설정해도 140밀리리터로, 140밀리리터를 설정해도 160밀리리터로 20밀리리터 정도 더 나오는 식으로 분유가 묽게 타졌다. 농도에 관한 문제는 소비자들이 자주 문의하는 사항이다. 베이비 브레짜는 이에 대해 이렇게 답변했다. '분유 모델, 숟가락, 물 등 환경이 똑같다 하더라도 분유를 타는 사람이 가루를 숟가락에 꽉 눌러 담느냐 슬슬 담느냐 등 습관에 따라서 농도가 천차만별로 달라진다. 이 농도는 기계의 배급량보다 편차가 크기 때문에 손으로 타는 것과 비교할 수 없다'라고. 분유 제조기가 사람보다 농도를 균일하게 맞출 수 있다는 말도, 농도가 묽다는 것도 사실이다.

만약 아기에게 분유 제조기로 만든 분유를 먹였을 때 설사를 하거나 변비가 생긴다면 손으로 타는 것과 유사한 농도의 세팅 번호를 찾아보자. 참고로 세팅 번호가 높아질수록 배급되는 분유량이 증가하니 한 단계만 높여주면 적당하다고 한다.

버려지는 분유가 아까웠음에도 이 제품을 사랑했던 건 10초만에 분유를 타주기 때문만은 아니었다. 아무리 휘젓고 흔들어도 손으로 타면 녹지 않던 분유가 덩어리 하나 없이 잘 녹는다는 점도 참 좋았다. 분유를 억지로 녹이다가 거품을 만들지 않아도 되니 신생아 배앓이 방지에도 효과적이다.

모든 양육자가 분유 제조기를 살 필요는 없다. 완모를 희망하는 엄마라면 더더욱 쓸모가 없다. 저녁에 잠들어서 다음 날 아침에 깨는 통잠 자는 아기, 일명 '백일의 기적'으로 불리는 아기에게도 필요 없다.

마지막으로 설거지가 귀찮다면 추천하지 않는다. 이것도 기계라서 부품도 많고 세척도 자주 해야 해서 마냥 편하지는 않다. 세척이 귀찮아 분유 제조기를 되파는 사람도 많다. 나는 둘째를 키울 땐 위생에 크게 신경 쓰지 않았다. 그래서 분유 제조기가 더러워 보인다 싶을 때, 보름에 한 번 정도 씻었더니 종종 분유가 나오는 부분에 굳은 분유 덩어리가 끼어 기계가 작동하지 않았다.

분유 제조기를 지를까 말까 의심스러운 눈초리로 고민하는 양육자라면 먼저 우리 아이가 어떤 성격인지 일주일 정도 관찰한 다음에 구매하기를 권한다. 적당히 배고픔을 참으며 칭얼거리기만 한다면 그냥 손으로 분유를 타는 것도 나쁘지 않다. 물론 기계가 주는 편안함을 누리고 싶다면 바로 지르자. 후회 없는 '반전템(뜻하지 않게 좋은 아이템을 발견했다는 뜻)'으로 다들 '브레짜 이모님' 하는 이유를 알게 될 것이다.

#엄마가 타는 분유 라테

#신세계 문물이로세

#경배하라 이거 만든 사람

환경호르몬, 배앓이 걱정 없는 젖병

소중한 내 아기를 위해

젖병도 꼼꼼하게 따져야죠

조리원에서 첫째를 데려온 이후 나와 남편은 아이 건강을 위해 위생에 신경을 많이 썼다. 외출했다 돌아오면 손을 씻고 옷을 갈아입은 다음, 손에 소독제를 꼼꼼히 바르고 난 뒤에야 아기를 만졌다. 아기를 보러 온 가족들에게도 손 씻기와 소독제 사용을 한 번 더 부탁할 정도였다. 아기가 주로 생활하는 거실이나 안방에는 소독제를 자주 뿌렸고, 아기가 잠들면 매일같이 장난감을 소독했다. 분유 포트는 일주일에 한 번씩 식초 물로 헹구고, 구연산을 넣고 끓인 다음에 아기 세제로 깨끗이 씻어 말렸다. 그러고 나서도 미심쩍어서 수돗물을 가득 담아 끓이고 버린 다음에야 사용하는 등 수고를 아끼지 않았다. 그때는 코로나19 발생 전이라 손 소독제도 많이 사용하지 않았으니 지금 생각하면 참으로 유난스럽다.

둘째를 키우는 지금은 달라도 너무 달라졌다. 어쩌다 둘째의 노리개 젖꼭지를 만지거나 바닥에 떨어뜨려도 다시 씻기는 커녕 아무 일 없다는 듯이 슬쩍 입에 물린다. 손 소독제는 어디 있는지도 모르겠다. 분유 포트는 생각날 때 씻는다. 둘째는 첫째보다 덜 유난스러워진다는데 정말로 육아의 모든 부분에서 조금은 느슨해졌다.

그렇게 위생과 안전에 관해선 둘째가라면 서러웠을 첫째 때, 아이러니하게도 나는 가장 중요한 육아템인 젖병을 잘 알아보지도 않고 아무거나 썼다. 젖병 소재는 크게 플라스틱, 유리, 세라믹, 실리콘으로 나뉜다. 이 중에서 가장 많이 사용하는 젖병은 플라스틱 소재로 대부분 'PPSU'와 'PP'를 사용한다. 구분하기 어렵다면 PPSU는 '더블하트 젖병', PP는 '그린맘 젖병'이라고 기억하면 된다.

일반적으로 PPSU 젖병은 6개월, PP 젖병은 3개월마다 교체를 권장한다. 환경호르몬과 미세플라스틱의 유해성 때문이다. 대표적인 내분비계 교란 물질인 'BPA'는 여성호르몬인 에스트

로겐과 유사하게 작용해 생식능력 저하, 비만, 당뇨, 유방암, 성조숙증 등을 유발한다고 알려져 있다. 특히 영유아는 성인보다 BPA 흡수에 따른 영향력이 크므로 젖병 선택 시 참고해야 한다. 2011년경 국내에서도 식품의약품안전처에서 BPA를 원료로 하는 'PC' 소재의 젖병 제조를 금지했다.

그런데 PC 젖병의 퇴출만으로 젖병에 대한 논란이 끝나지는 않았다. 흔히 사용하는 UV 젖병 소독기에 'PES', '트라이탄' 소재의 젖병을 넣어 소독하면 합성 에스트로겐이 다량 발생한다는 연구도 있어 젖병 소독기를 사용하는 양육자들이 UV 램프를 떼어 쓰거나 열탕 소독을 고집한다는 사례가 늘었다. 국제 학술지 〈네이처 푸드Nature Food〉에 게재된 연구에 따르면 PP 소재의 젖병은 고온에 약해 세계보건기구WHO가 권장하는 멸균 온도 100도씨 표준 세척 절차에 따라 젖병을 사용했을 때, 특히 분유를 타며 젖병을 흔들었을 때 미세플라스틱 유출이 크게 증가했다고 한다. 젖병 안의 액체 온도가 높을수록 미세플라스틱은 더 많이 배출되었다. 미세플라스틱이 인체에 어떤 질병을 초래하는지 관련 연구가 많지 않지만, 최근 연구에서는 염증, 불임, 암과 연관이 있다고 알려졌다.

환경호르몬 피해서 젖병 선택하기

아기 젖병과 식기류를 고를 때는 반드시 'BPA-Free'를 확인해야 하고, 교체 주기에 따라 새것으로 바꿔야 한다. 교체 시기가 되지 않았더라도 젖병에 흠집이 나거나 변색이 생겼다면 새 제품으로 교체해주는 것이 좋다.

자꾸 무섭고 복잡한 이야기를 전해서 안타깝지만 양육자라면 한 가지 더 알아야 한다. 유아용 젖병과 식기류 제조사는 BPA-Free를 표방하고자 대체재로 'BPS', 'BPF'등을 포함한 제품을 만들고 있다. 그런데 이런 대체 합성 물질도 안전하지 않거나 혹은 더 유해하다는 연구 결과가 나왔다. 그래서 BPA Free가 아닌 'EA Free(BPA뿐 아니라 에스트로겐처럼 작용하는 다른 화학 물질도 없음을 의미하는 표준)'로 제품을 평가해야 한다는 목소리가 높아지고 있다. 국내에서는 EA Free 표기를 따로 하지 않으므로 BPA Free만을 내세우며 안전성에 관해 이야기하는 것은 소비자를 기만하는 행위와 같다.

이쯤 듣고 나니 플라스틱 젖병은 절대 못 쓰겠다는 생각이 든다. BPA와 미세플라스틱 배출량이 미량일지라도 그 영향은 몸속에 한참 동안 쌓인 뒤에 나타나므로, 관리가 어렵다면 그

런 고민에서 완전히 벗어난 소재를 사용하는 것이 속 편하다. 또한 가정마다 보유한 소독기가 다르고 관리 방법에 대한 생각 역시 다르므로 다음 질문에 답하며 어떤 젖병을 선택할지 골라 보자.

젖병 선택 가이드

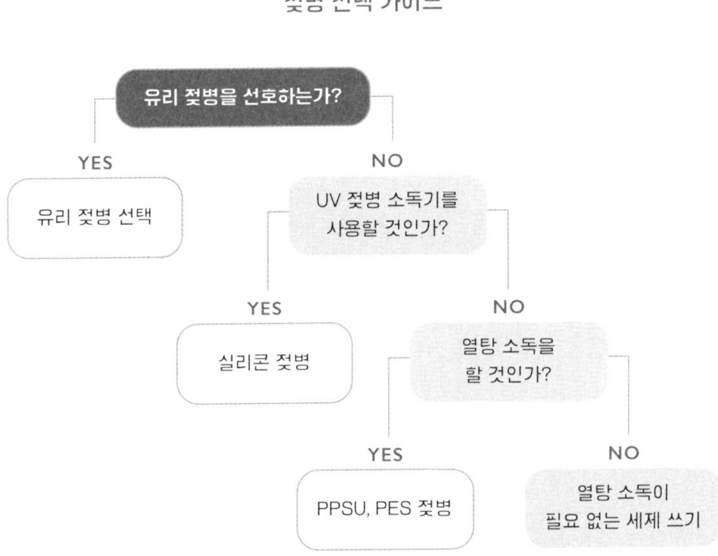

1. 유리 젖병, 세라믹 젖병(권장 교체 주기 12개월)

유리 혹은 세라믹 젖병은 플라스틱의 잠재적 위험성에서 벗어난 육아용품이다. 단, 깨지거나 유리를 감싼 케이스에 금이 가기 쉬우며 깨질 경우 유리 가루를 아이가 흡입할 수 있으니 흠집을 자주 확인해야 한다. 세라믹은 디자인은 예쁘지만 불투명한 소재로 코팅되어 있다. 따라서 분유량이나 눈금이 잘 보이지 않는다는 단점이 있다.

유리 젖병은 스와비넥스, 닥터브라운, 모윰 등을 많이 구매하는 편이니 참고하자.

---

2. 실리콘 젖병(권장 교체 주기 없음)

유리와 마찬가지로 환경호르몬 및 미세플라스틱의 유해성을 피할 수 있으며 관리만 잘하면 반영구로 사용할 수 있다. 하지만 물때가 생기기 쉽고 세척해도 먼지가 잘 떨어지지 않는다.

브랜드는 마마치, 앙뽀, 란시노를 많이 구매하는 편이니 참고하자.

---

3. PPSU, PES 젖병(권장 교체 주기 6개월)

PPSU는 젖병 소독기의 UV 젖병 소독기 사용을 권장하지 않으며 유사한 계열인 PES, 트라이탄에서 환경호르몬이 검출되었다는 연구 결과가 있으므로 환경호르몬이 미량이라도 나오지 않는다는 근거는 없다. 그러므로 UV 램프가 없는 소독기를 사용하거나 열탕 소독을 3분 이내로 하거나 전자레인지에 소독 케이스를 넣어 사용할 예정이라면 추천한다.

브랜드로는 PPSU는 더블하트, 헤겐, 유미, 모윰이 있고, PES는 유피스, 아벤트가 있으니 참고하자.

젖병에 쓰이는 플라스틱의 특징

	트라이탄	PPSU	PP	PES	PA
투명성	높음	낮음	낮음	낮음	높음
강도	높음	높음	낮음	높음	높음
BPA	Free	Free	Free	Free	Free (BPF, BPS 도 Free)
UV 사용	권장하지 않음	권장하지 않음	1분 이내	권장하지 않음	가능
교체 주기	8개월	6개월	3개월	6개월	6개월

나는 '스와비넥스'의 '제로제로 실리콘 젖병'을 사용했다. 이 젖병은 아기가 힘껏 빨아야 분유가 나오는 구조여서 유두혼동(모유를 먹는 아기가 분유를 먹거나 노리개 젖꼭지를 사용하면서 엄마 젖을 빨지 않는 현상)을 줄여준다. 또한 분유를 빨 때마다 실리콘 팩이 조금씩 쪼그라들어 시각적으로 잘 먹고 있는지 확인할 수 있다. 단, 젖병의 젖꼭지와 연결부(투입구)가 일반 젖병보다 넓어 다른 젖병과 호환되지 않으니 가능하면 호환성이 좋은 제품을 사용하자.

실리콘 젖병 외에 PPSU 소재의 더블하트와 헤겐을 병행해서 사용하기도 했는데 더블하트 젖병은 국민 젖병이라는 타이틀답게 다른 젖병의 젖꼭지와도 호환되고 형태가 단순해 세척도 용이하다. 무엇보다 두 종류 모두 아이들이 젖꼭지 거부 없이 잘 받아들인 효자 아이템이다. 헤겐 젖병은 디자인이 예쁘고 입구가 넓어 이유식 용기로도 활용할 수 있으며 씻기 편하다는 장점이 있다. 하지만 본체와 젖꼭지 부분을 잘 결합하지 않으면 분유가 새어 나와 낭패를 볼 수 있다.

첫째는 젖병에 관한 지식 없이 베이비페어 추천템을 썼지만, 운 좋게도 그게 실리콘 젖병이었다. 둘째는 백일 때까지 사용한 PPSU 젖병을 버리고 일부를 유리 젖병으로 교체했다.

서론은 길었지만, 결론은 하나다. 복잡한 게 싫다면 유리 젖병으로 갈아타자. 젖병 말고도 양육자들은 신경 쓸 게 많으니까. 설령 모르고 플라스틱 젖병을 썼거나 소독을 잘못했다 하더라도 너무 자책하지 말자. 아이를 위하는 가장 빠른 길은 이제라도 안전하게 바꾸는 것뿐이다. 지혜로운 엄마는 이렇게 배우면서 성장한다.

우리 집 청결 담당
맘마존 서브템

젖병의 청결을 책임지는

젖병 솔, 따져보고 사세요

"에엥~." 하고 아기가 운다. 그러면 가장 먼저 '맘마존(수유 용품이 있는 곳)'으로 달려가 젖병 보관함에서 젖병을 꺼내 분유 포트 물을 따라 분유를 탄다. 그런 뒤 수납함에서 가제 손수건을 들고 편한 자리에 앉아 분유를 먹인다. 다 먹은 젖병은 젖병 솔로 구석구석 씻어내고 젖병 소독기에 넣는다.

아기에게 분유를 주고 정리하는 과정에서 쓰이는 육아용품은 몇 개일까(젖병, 분유, 가제 손수건 제외)? 간단히 따져봐도 젖병 보관함, 분유 포트, 수납함, 젖병 솔, 젖병 소독기 이렇게 5가지로 생각보다 많다. 첫째를 임신했을 때는 정보가 많지 않았고 일일이 찾아보기도 귀찮아서 필요한 용품을 대부분 베이비페어에서 한꺼번에 샀다. 그때는 젖병 솔 같은 건 아무거나 사면 되는 줄 알았다. 그런데 아이 둘을 거의 연년생처럼 키우며 근 3년을 육아하다 보니 육아용품 중에 '아무거나' 사도 되는 건 없다는 것을 깨달았다.

하물며 신경 써서 고른 젖병 솔은 자잘한 지출을 막아주고 위생적이면서 설거지도 빨리 끝내준다. 초보 양육자라면 으레 젖병 솔, 젖꼭지 솔, 젖꼭지 교체 솔이 함께 들어 있는 세트 상품을 사기 마련이다. 그러나 젖병 솔은 의외로 잘 사용하지 않는다. 젖병 부품도 한두 개가 아닌데 젖병 솔과 젖꼭지 솔을 번갈아 들며 씻기가 번거롭기 때문이다. '하이비 몽글이 젖꼭지 세척솔'은 손잡이가 길어 젖꼭지와 병 세척을 하나로 해결해준다. 솔을 바꿔가며 설거지하기 힘들어하던 나에게 딱 알맞는 제품이었다.

스펀지 재질은 잘 말리지 않으면 세균이 번식하기 쉽고, 마모가 빨라 자주 갈아줘야 한다. 위생을 생각해서 열탕 소독이 되는 실리콘 젖병 솔을 사용하는 양육자도 있는데, 위생적으로는 좋아도 거품이 잘 나지 않고 젖병에 밀착되어 깨끗하게 닦이지 않아 설거지 시간이 길어진다. 이럴 때는 실리콘을 스펀

지 형태로 바꾼 '베일리 실리콘 젖병 솔'을 사용하면 좋다. 거품도 잘 나고 열탕 소독도 할 수 있는 일석이조 아이템이다.

젖병 솔 하나로 너무 많은 선택지를 내미는 것 같지만 하나만 더 언급해야겠다. '맘앤리틀 에르제 전동 젖병 솔'은 솔이 자동으로 돌아가서 출산 후 관절이 약해진 엄마의 손목을 보호해주는 효자템이다. 이 솔이 너무 편하고 좋아서 제주도에서 한 달 살기를 할 때도 가볍고 버리기 쉬운 스펀지 젖병 솔 대신 이것을 챙겨 갔다. 전동 젖병 솔을 쓰기 시작하면 일반 젖병 솔을 사용할 때 얼마나 손목을 많이 쓰는지 알게 된다. 에르제 전동 젖병 솔은 스펀지 솔과 실리콘 솔, 이렇게 두 종류가 있다. 충전식으로 쓰는 제품이지만 생활 방수가 잘 되기 때문에 물이 들어가도 고장이 나지 않는다. 한 번 충전하면 보름 이상 쓸 수 있다는 것도 장점이다. 만약 까칠한 재질의 일반 미세모 솔을 원한다면 '벤브와 i-care 젖병세척솔'도 있으니 참고하자.

UV 젖병 소독? 스팀 젖병 소독?

어느 게 더 안전한가요?

젖병 소독기는 젖병 소재에 따라 선택지가 달라진다. 하지만 나는 열탕 소독과 비슷한 스팀 소독기를 추천하므로 이 제품들만 비교할 수 있게 정리해보았다.

스팀 젖병 소독기 모델별 특징

제품명	필립스 아벤트 스팀 건조 일체형 젖병소독기	벤브와 4free 스팀 젖병소독기	맘앤리틀 에르제 스팀 젖병소독기	베이비 브레짜 스팀 건조 젖병소독기
젖병 수납	6개	14개	12개	8개
소독·건조 시간	10분 30분	5~14분 10, 30, 60분	12분 40, 50, 60분, 24시간	10~16분 30, 45, 60분
건조 방식	50℃ 전후 저온 건조	45~50℃ 저온 건조 4시간마다 살균	2시간마다 살균	45℃ 저온 건조
특징	2년 무상 AS	36시간 안심 보관	24시간 안심 보관 내부가 보이는 구조	내부가 보이는 구조 스테인리스 히팅플레이트

스팀 소독기는 브랜드별 기능이 크게 다르지 않아 사용하는 젖병 개수에 따라 용량으로 결정하는 것도 나쁘지 않다. 젖병을 10개 이상 사용한다면 용량이 가장 큰 벤브와 제품을 선택하자. 나는 에르제 제품을 사용했는데 브레짜와 벤브와와 달리 내부가 보이는 구조여서 소독이 완료된 젖병들을 잊지 않고 꺼낼 수 있어서 좋았다. 또한 가성비가 좋고 심플한 화이트 디자인이 예뻐서 마음에 들었다.

스팀 젖병 소독기는 열탕 소독과 같은 효과가 있고, 환경호르몬에서 조금이나마 자유롭다는 면에서는 좋지만 세척이 어렵다. 증류수를 사용하지 않으면 가열판 부분이 물속의 미네랄 및 불순물로 인해 하얀색이나 갈색으로 눌러붙는 데다 가열판 세척 시 물이 통풍구에 들어가지 않도록 주의해야 하기 때문이다. 나는 통풍구와 가까이 붙은 가열판을 깨끗이 씻겠다고 제품을 통째로 들어 흐르는 물에 넣었다가 통풍구에 물이 들어가면서 펑 소리와 함께 소독기를 보내줘야 했다. 부디 당신은 설명서대로 제품을 물에 불려 부드러운 소재의 천으로 닦아 관리하기를 권한다.

맘마존의 교통 정리반

젖병 보관함

맘마존은 아무리 정리해도 질서 없이 세워진 젖병 때문에 늘 지저분해 보인다. 깔끔한 미관을 원하고 젖병 위생이 우선이라면 젖병 보관함을 들여야 한다(뚜껑이 없는 실내용 젖병을 쓰는 양육자라면 꼭 필요한 아이템이다).

젖병 보관함은 뚜껑만 있으면 되므로 '테이블 캐리어'라는 저렴한 다이소 제품을 많이 사용한다. 가격이 1만 원도 되지 않고 디자인도 심플해 어디에나 잘 어울린다. 더블하트 젖병은 최대 8개까지 들어가고 270밀리리터의 큰 젖병도 뚜껑까지 닫아서 보관할 만큼 높이도 꽤 높다. 다만 젖병이 쉽게 쓰러진다는 단점이 있다. '웜리 젖병 보관함'은 젖병 보관용으로 제작되어 논슬립 패드가 붙어 있고 탈부착 가능한 젖병 지지대가 있어 수납이 쉽다. 다이소 제품과 비교하면 3만 원대 후반으로 꽤 비싸지만 젖병을 훨씬 깔끔하게 수납할 수 있다.

분유 제조기는 선택,
분유 포트는 필수

아이가 없던 시절에는 커피 포트로 물을 끓여 분유를 타면 되지 않을까 생각했다. 만약 나 같은 사람이 있다면 말해주고 싶다. 분유 포트는 필수 중에 필수인 육아템이라고. 커피 물이나 찻물에 적정 온도가 있는 것처럼 아기가 꿀떡꿀떡 마실 수 있는 분유 물도 적정 온도가 따로 있다. 이 온도의 물을 만들어주는 게 분유 포트다.

소아청소년과 의사들은 분유를 탈 때는 100도로 팔팔 끓인 물을 70도 정도로 식힌 후에 분유 가루를 넣으라고 권한다. 그런 뒤 아기가 먹기 좋게 40~45도로 식히라고 한다. 적어도 하루 5번 이상 이 과정을 반복하는 건 꽤 번거로운 일이다. 무엇보다 물을 식힐 여유가 없다. 그렇다고 물을 끓이지 않으면 유해균이 살아 있을 수 있고, 식히지 않은 채로 분유를 타면 분유 내의 단백질 성분이 변형될 수 있다. 그런데 분유 포트는 물을 끓인 뒤 알아서 적정 온도까지 식힌 다음 그대로 유지하는 기능이 있으니 편리하다는 말로는 부족한 정도로 유용한 용품이다.

나는 첫째 때는 조작도 쉽고 화상 위험이 없는 '엘프슈타펠

분유 포트 추천 모델

제품명	라비킷 분유 포트	맘앤리틀 에르제 분유 포트 S1.5	벤브와 올케어 분유 포트	아인 보르르 분유 포트	엘프 슈타펠 분유 포트
형태	출수형	출수형	주전자형	주전자형	주전자형
염소제거	5분	3분	5분	3분	없음
출수	출수 단위 5mL씩 조절, 지속 출수 가능	출수 단위 50mL씩, 지속 출수 가능	-	-	-
보온	40~90℃ 영구 보온	48시간 보온	48시간 보온	43℃ 영구 보온	24시간 보온
쿨링	1시간 20분	1시간 20분	2시간	2시간 이내	-
용량	1500mL	1500mL	1500mL	1300mL	1300mL

분유 포트'를 사용했다. 비록 대부분의 분유 포트가 기본적으로 갖추고 있는 물 식힘 기능(쿨링)이나 100도에서 몇 분간 유지해 염소를 제거해주는 기능은 없었지만 기본에는 충실했다.

둘째를 낳고서는 출수형으로 분유 포트를 바꿨다. 출산 후 물이 가득 담긴 주전자형 분유 포트를 쓰려니 손목에 부담이 되었다. 그런데 바꾸고 보니 진작에 왜 이런 제품을 쓰지 않았나 싶을 정도로 편리하다. 내가 사용했던 '맘앤리틀 에르제 분유 포트'는 물방울 모양 버튼을 누르고 있으면 정수기처럼 물이 나왔다. 무겁게 주전자를 들지 않고 손가락 하나만으로 분

유 물을 얻는다니, 지금 생각해도 혁신적이다. 물론 단점은 있다. 내부가 보이지 않는다는 것, 세척 시 내부 스테인리스 통이 분리되지 않아 분유 포트를 통째로 씻어야 한다는 점 등이다. 지인에게 이 포트를 물려줄 때 내가 느낀 단점을 말해주니 상관 없다는 답변을 받았다. 오히려 "남편한테 시키면 되지!"라는 우문현답을 얻었다고나 할까.

#아기 하나 있을 뿐인데

#살림이 배로 느는 마법

급한 용무 해결할 땐 셀프 수유 쿠션

셀프 수유 쿠션

사용해야 하나 말아야 하나

요즘 쌍둥이 맘들이 출산 준비물로 꼭 챙기는 육아템이 있다. 바로 '셀프 수유 쿠션'이다. 이 육아용품은 말 그대로 아기 혼자 분유를 먹을 수 있게 만든 쿠션이다. '목도 못 가누는 아기가 혼자 분유를 먹는다고?'라며 신생아 셀프 수유 산후조리원 사건을 떠올릴 사람들도 있을 것이다.

소아청소년과 전문의인 남편도 이 제품의 존재를 알고서는 기겁을 했다. 셀프 수유는 분유가 기도로 흘러 들어가 흡인성 폐렴이 생기거나 질식할 위험이 있기 때문이다. 더구나 이

런 상황에서 빠르게 대처하지 못하면 저산소성 뇌 손상으로 장애가 남거나 심한 경우 사망에 이른다. 실제로 2005년과 2007년에 셀프 수유를 했다가 신생아가 사망한 사례가 있다. 이 사건으로 2020년 초 개정된 모자보건법에서는 셀프 수유를 금지하는 법안과 처벌 조항을 추가했지만, 같은 해 진주의 한 산후조리원에서 셀프 수유를 했다는 보도가 나왔을 때 실제 처벌로 이어지지 않았다고 한다.

그럼에도 이 육아템이 필요한 상황이 있다. 자, 상상해보자. 당신은 지금 둘째에게 분유를 먹이고 있는 중이다. 그런데 갑자기 첫째가 화장실에 가고 싶다고 보챈다. 첫째는 아직 배변훈련이 끝나지 않았다. 이때 첫째와 화장실에 다녀오기 위해 둘째 입에서 젖병을 뗀다면? 보통 아기들은 자지러지게 울 것이다. 아기가 울든 말든 화장실로 뛰어갈 양육자는 많지 않다. 아이도 달래고 누나의 실수도 막는(?) 유일한 방법은 아기를 바닥에 눕히고, 물고 있는 젖병이 쓰러지지 않게 어딘가에 받쳐주는 것뿐이다. 이 긴박한 순간에 엄마의 손을 대신해 안정적으로 젖병을 받쳐줄 물건이 셀프 수유 쿠션이다.

아마도 이 쿠션은 이런 급박한 순간에 대처하기 위해 만든 용품일 것이다. 그래서 이 쿠션의 제조사에서도 분명히 부모 감독하에 사용하라고 강조하고 있다. 절대 아기 혼자 두어서는 안 된다는 뜻이다. 나 또한 양육자가 주의해서 사용한다는 전제하에 이 제품을 사용하는 것은 나쁘지 않다고 생각한다.

모유든 분유든 아기에게 밥을 줄 때 양육자가 안아주며 스킨십을 해야 아기와 애착이 형성된다고 믿는 사람이 있다면 단호하게 얘기해주고 싶다. 꼭 그 순간에만 애착 관계가 형성되는 것은 아니라고. 물론 모유 수유 중에 일어나는 눈 맞춤, 미소 등의 상호작용은 양육자와 아이의 관계를 더 가깝게 만든다. 그런데 자녀가 둘 이상이라면 둘째의 밥을 챙기면서 온전히 여기에만 집중하기는 어렵다. 그래서 수유 상황에서 얻을 수 있는 교감은 포기하고 빨리 두 아이의 요구를 해결해주는 게 엄마의 정신 건강에도, 아이의 수유에도 도움이 된다.

두 돌이 넘은 첫째와 백일이 막 넘은 둘째를 키울 때도 둘이 함께 있으면 한 명은 밥 달라, 한 명은 놀아달라고 해서 정신이 없었는데 신생아 둘을 동시에 키우는 쌍둥이 엄마들은 오죽 손이 부족할까.

지안이는 먹는 것에 비해 마르고, 키도 작아서 26개월에도 10킬로그램밖에 나가지 않았다. 반면에 서안이는 남자아이라 그런지 생후 3개월만에 8킬로그램에 육박해서 분유를 먹이는 동안 팔뚝이 호떡처럼 납작해지는 느낌이었다. 가끔 아기가 너무 무거워서 역류 방지 쿠션에 눕힌 채로 젖병을 들고 먹이기

도 했다. 그런데 이것도 쉬운 일이 아니었다. 앉아 있는 아이의 입 각도와 방향에 맞춰 젖병을 계속 들고 있자니 팔이 저리고, 뒤틀렸다. 밑져야 본전인 마음으로 셀프 수유 쿠션을 사용했는데 힘을 덜 쓰게 되니 아이와 눈 맞춤도 더 잘해주고, 웃어줄 수도 있었다. 그러니 '모유 수유도 못 해줬는데, 안고 먹여주지 않아서 미안해'라는 생각은 접어두자. 엄마가 행복해야 아기도 행복하다.

만약 이 쿠션을 사기로 했다면 어떤 브랜드 제품을 살지 비교해보자. 가장 인기 있는 제품은 '얀니허그YannyHug'의 'UFO 셀프 수유 쿠션(이하 UFO 쿠션)'이다. 이 제품은 크게 베개 부분과 젖병 고정 쿠션으로 구분되는데 베개에 아기를 먼저 눕힌 뒤 그물 부분에 젖병을 끼운다. 그 뒤 쿠션을 똑딱이 버튼으로 고정해 사용한다.

UFO 쿠션 다음으로 인기 있는 제품은 '마이베베'의 '셀프 수유 쿠션(이하 마이베베 쿠션)'이다. UFO 쿠션과 비교했을 때 수유 각도에 대한 부분이 세심해서 좋았다. 마이베베 쿠션은 아기를 누일 쿠션의 각도를 15~20도로 해야 젖병의 기울기가 제대로 나온다. UFO 쿠션과 달리 베개 부분이 따로 없는 일체형 디자인이며 젖병을 고정하는 스트랩이 고탄력 밴드여서 어떤 젖병이든 사용할 수 있다. UFO 쿠션은 헤겐 젖병과 같은 사각 젖병,

두께가 큰 젖병을 넣으면 안정적으로 고정되지 않는다. 여름에는 셀프 수유 쿠션 사용 시 아기가 땀이 나진 않는지 확인해야 한다.

어떤 육아용품을 사용하고 그것을 어떻게 사용할지는 언제나 사용자의 몫이다. 잘 활용하면 득이 되고, 잘못 사용하면 오히려 해가 될 수 있음을 기억해야 육아템이 제때 활용될 수 있을 것이다.

#엄마는 멀티형 인간

#책장은 네가 넘기렴

#넌 언제 젖병 잡고 먹을래

즐거운 물놀이

목욕템

깐깐하게 고르고 사는 스킨 케어

연약한 아기 피부를 보호하는

스킨 케어 제품

가습기 살균제 사건을 기억하는가? 아이들에게 좋은 것, 깨끗한 환경을 주고 싶은 양육자의 마음이 무색하게 가습기 살균제에 포함된 유해 화학 성분 때문에 수많은 사람이 폐 질환 및 전신 질환에 걸리고 심지어는 사망에 이르렀다. 2020년 7월 27일, 사회적참사특별조사위원회가 발표한 피해 규모 결과 보고서에 따르면 가습기 살균제 사용으로 인한 건강 피해가 약 67만 명에 달하며, 사망자는 약 1만 4,000명으로 추산된다고 한다. 이 일이 알려진 2011년부터 '옥시', 'SK케미칼',

'애경' 등 문제가 된 가습기 살균제 판매사와의 재판이 시작되었고, 이는 소비자 불매운동으로 이어져 가장 많은 피해를 초래한 옥시의 제품을 포함해 가습기 살균제 6종이 전부 회수되는 등 사회적으로 큰 파장이 일었다.

나는 코가 자주 간질간질한 일명 '비염인'이다. 비염인에게는 적정 온습도가 가장 중요해서 나 또한 사시사철 가습기를 사용한다. 그런데 이 사건이 알려지는 순간 간담이 서늘해졌다. 어렸을 때 가습기 살균제의 존재를 알았다면 지긋지긋한 코막힘과 콧물, 재채기로 고생하며 갖가지 방법을 동원하던 나도 그 제품을 샀을 것이므로, 그 일은 내게도 일어날 수 있었다.

그럼 이제 가습기 살균제만 사용하지 않으면 문제가 해결될까? 이 문제는 일상에서 흔히 사용하는 화학 제품의 성분에 대한 경각심을 일깨워줬다. 이 사건으로 우리는 이전에 몰랐던 화학 성분에 대해 알게 되었다. 바로 'CMIT', 'MIT', 'PHMG'다. 이 3가지 성분 모두 동물 실험에서 폐 섬유화를 유발한다는 사실이 밝혀졌다. 현재 CMIT와 MIT 성분은 유아 세제와 보디 케어 제품 설명서에 의무로 불검출을 표기해 안전성을 입증해야 한다.

만지면 부서질까 바람 불면 날아갈까 소중한 우리 아기에게 어떤 유아 세제와 보디 케어 제품을 사용할지 고민하는 것은 당연하다. 그런데 의외로 많은 사람이 제품의 패키지 디자인이나 유명세, 또는 감성 마케팅에 넘어간다. 프리미엄 제품임을 표방하는 어느 유아 세제 회사는 전 성분 공개 요청에도 영업 기밀을 이유로 꿈쩍도 하지 않는다. 우리가 제품을 사용하는 목적을 기억한다면 어떤 것을 사야 할지 더 분명해진다.

인증마크를 읽을 줄 알면
제품이 새로 보입니다

지안이가 처음 사용한 보디 케어 제품은 백화점에서 판매하는 브랜드의 제품이었다. 사야 할 육아용품이 너무 많아 로션과 보디 워시는 미처 생각도 못 했는데 지인이 출산 선물로 챙겨준 것이었다. 써보니 촉촉하고 향수처럼 향이 진해서 이 보디 워시로 아이를 씻기고 로션까지 발라주면 나까지 기분이 좋아졌다. 너무 맘에 들었던 나머지 둘째도 신생아 때부터 약 2년 넘게 사용했다.

그런데 이 제품 중에 보디 워시는 강한 향 때문인지 향료 내에 영유아 주의 성분이 6개나 포함되어 있다. 심지어 발달 및 생식을 저해하는 독성 성분인 '페녹시에탄올'도 들어 있다. 지

금까지 제품 후기에서 부작용에 관한 피해 사례가 언급된 적은 없지만 신생아 때부터 지속해서 노출된다면 부정적인 영향을 미칠 가능성이 있다.

아기 용품에서 '향' 하면 세탁 세제도 빼놓을 수 없다. 처음이자 가장 오래도록 썼던 세탁 세제와 섬유유연제는 '레드루트 RedRoot'제품이었는데, 이것도 베이비페어에서 자연 유래 성분으로 홍보하길래 멋모르고 산 것이었다. 다행히 세정력도 우수하고, 성분도 좋아서 종종 베이비페어에 들르면 몇 통씩 쟁여놓고 3년 넘게 사용했다. 레드루트 세제나 섬유유연제 중 무향 제품은 실제로 맘가이드 추천 등급을 받을 정도로 인체에 무해한 성분이다. 비트 뿌리에서 추출한 식물 유래 성분 유기농 세제라니 안심이 되었다. 이 제품은 향도 마음에 들었다. 아기 빨래를 한 날이면 친정엄마는 우리 집에서 좋은 냄새가 난다며 무슨 방향제를 쓰냐고 물을 정도였다.

유아 세제나 보디 케어 제품은 향이 좋다는 이유만으로 구매해서는 안 된다. 아기는 성인보다 피부 장벽이 얇고, 수분 손실이 빠르며 피부가 민감하기 때문에 안전한 성분으로 만들었는지 반드시 확인해야 한다. 미리 점찍어둔 제품이 있다면 제품의 성분을 알려주는 '맘가이드' 또는 다양한 화장품 리뷰가 있는 '화해' 앱으로 성분 검색을 해보자. 맘가이드는 유아용품 및 생활용품의 유해 성분 정보를 제공하고 이를 기반으로 안심 제품을 추천하는 서비스다. 맘가이드 서비스 운영사인 (주)인포그린은 옥시 사태 이후 안전한 육아 환경을 만들기 위해 연세대학교에서 창업 팀으로 시작한 기업이다. 유아용품부터 세제, 샴푸, 치약, 반려동물 용품 등 가정에서 사용되는 모든 화학 제품의 유해 성분을 확인하고 엄격한 기준을 통과한 제품만을 소개하고 있다. 아이에게 안전한 제품을 빠르게 찾을 수 있으니 참고하면 좋다. '화해'는 다양한 화장품 성분 정보를 공개하고 피부에 맞는 제품 리뷰를 검색할 수 있는 앱이다. 성분에 따른 화장품을 검색할 수 있으나 기본적으로는 사용자 리뷰를 기반으로 한 랭킹을 확인하도록 설정되어 있다.

인증 마크는 유아 세제나 보디 케어 용품에 흔히 부착하는 것들만 알아도 충분하지만, 이 외에도 다양한 기관에서 발급하는 인증들이 존재한다. 유아용품뿐 아니라 일상생활에서 사용하는 화학 제품을 고를 때 마크를 부여하는 기준과 그에 관한 설명을 알아두면 큰 도움이 되니 상식 수준으로 기억하고 있자.

표의 설명을 읽어보면 알겠지만 인증 마크만으로 제품의 안전성을 담보하기 어려운 경우가 많다. 그래서 인증 마크는 어디까지나 참고용이며 안전한 유아 세제 및 보디 케어 용품을 선택하려면 다음 3가지를 기준으로 삼자. 첫 번째, 안전에 자

주요 인증 마크 종류와 설명

	인증 마크	설명
에코서트		95% 이상 천연 성분, 5~10% 이상 유기농 성분 함유 인증 유기농 성분을 5% 이상 함유한 제품은 'natural', 10% 이상 함유한 제품은 'Organic'으로 기재 유기농 원료를 소량이라도 사용하면 표시되는 인증
EWG		미국의 비영리 환경 연구 단체에서 2억 5,000여 개의 연구를 바탕으로 화장품 성분 안전성 평가 등급 설정 전 성분을 공개하며 EWG 1~2등급(안전 등급)을 받은 제품 사용 권고
USDA 오가닉		미국 내 농축산물 재배 및 경작을 책임지는 연방 정부 조직으로 이 마크를 받기 위해서는 반경 3km 이내, 최소 3년간 살충제와 화학 비료를 쓰지 않은 천연 원료를 95% 이상 함유 천연 원료를 95% 이상 함유한 제품은 그린 컬러 마크 사용, 천연 원료를 100% 함유한 제품은 블랙 컬러 마크 사용
코스메비오		프랑스 유기농 화장품 협회에서 인증하는 마크 에코서트 인증을 받은 화장품만 신청 자격이 주어짐 원료가 아닌 완제품을 검증하는 마크로 신뢰도가 높은 마크
친환경		우리나라의 환경산업기술원이 발행하는 인증으로 생산, 소비, 폐기에 걸친 전 과정에서 환경오염을 적게 일으키거나 자원을 절약할 수 있는 제품 환경 친화적인 제품인지 알아볼 수 있는 인증으로 원료에 관한 것이 아닌 경우도 많으니 제품 뒤 '인증 사유' 확인
비건		영국 비건소사이어티에서 인증하는 동물 유래 원료를 사용하지 않고 동물 실험을 하지 않은 제품
더마테스트		독일 더마테스트사에 제품 샘플을 보내면 지원자들에게 테스트해 피부 반응을 통과한 제품에만 마크를 부과해 피부 저자극을 인증 1, 2스타 인증은 등에 단 1회 사용으로 평가, 가장 높은 등급인 5스타 인증은 실제 사용 부위에 장기간 사용한 결과로 가장 높은 안전성 평가

아토피 품질		세계아토피협회에서 발급하는 아토피 관련 모든 상품군 우수 품질을 평가하는 인증 아토피 품질 인증을 부여하는 기준이 명시되어 있지 않아 신뢰할 수 없음 2017년부터 식약처에서 '아토피'라는 표현을 제외, 아토피 질환에 대한 효과가 없음을 반증

신 있는 원료를 사용해 전 성분을 공개하는 제품을 고를 것. 유해한 성분을 모두 기억하기는 어려우므로 좋은 성분으로만 구성되어 맘가이드 앱 평가에서 A등급 이상을 받은 검증된 제품 중에서 고르자. 두 번째, 무향 제품을 선호할 것. 가향 제품은 천연, 합성 성분에 관계 없이 피부에 민감 반응을 일으킨다. 예를 들어, 천연 향료인 레몬 오일에 포함된 리모넨 성분은 알레르기를 일으키고 발암물질인 포름알데히드를 생성하는 등 유해 성분을 포함할 수 있다. 세 번째, 피부 타입이나 가치관에 따라 인증 마크를 추가로 확인할 것. 특정 물질에 알레르기가 있다면 EWG 등급에서 해당 성분을 확인하자. 민감성 피부라면 더마테스트 인증을 보면 된다. 친환경 제품을 사용하고 싶다면 친환경 인증을 확인하자. 동물 실험을 반대하는 동물 애호가라면 비건 인증을 확인하자.

똑똑한 배변 알림 기저귀 센서

대소변을 알려주는 센서

기저귀도 스마트 시대

신생아 중에는 소변을 누고 난 뒤에 '에엥~' 하며 짧고 가볍게 짜증 내는 아기가 있는가 하면 소리도 미동도 없이 평온하게 누워 있는 아기도 있다. 볼일을 본 지 모르고 기저귀를 오랫동안 갈아주지 않으면 아기 엉덩이가 짓무르거나 생식기 주변이 빨개진다. 한번 엉덩이가 빨개지면 아기가 며칠 동안 볼일을 볼 때 불편해하므로 미리 방지하는 게 상책이다.

이런 엄마들의 고민을 해결해주고자 만든 '모닛monit'이라는 신기한 제품이 있다. 아마도 최신 유행 육아템을 꿰뚫고 있는 엄마라도 이 제품은 들어보지 못했을 것이다. 모닛은 쉽게 말해 '베이비 스마트 모니터'로 기저귀에 붙인 센서가 아기의 배변 활동을 알려주는 일종의 알람이다.

나는 IT 제품에 관심이 많은 얼리어답터여서 예전부터 신제품 리뷰가 소소한 취미였다. 그래서 이 제품의 성능을 개선해줄 테스터를 모집한다는 광고를 보자마자 바로 신청했다. 내가 테스터로서 해야 하는 일은 센서가 아이의 배변 활동을 잘 감지하는지 확인하고 오류를 보고하는 일이었다.

기저귀에 동그란 노란색 센서를 붙여놓고 스마트폰에 연동시키면 아기의 배변 활동, 움직임, 수면 패턴 정보를 받을 수 있다. 이게 가능할까 싶지만 신통하게도 대소변은 물론, 방귀도 구분해서 알림을 보낸다. 스마트폰을 보다가 아기가 방귀를 뀌었다는 알림이 오면 생리 현상을 구분해내는 정확함에 놀라곤 했다. 가끔 잘못된 알림이 와서 불편을 호소하는 후기도 봤지만 내가 써본 결과 대체로 감지가 잘 되는 것 같다. 알림이 올 때마다 바로바로 뒤처리를 해주니 마치 '다마고치'나 '프린세스 메이커' 같은 육성 시뮬레이션 게임을 하는 느낌이 들어 재미가 쏠쏠했다.

조금 귀찮은 점이라면 기저귀를 갈아줄 때마다 센서를 다시 붙여줘야 한다는 것이다. 그 점만 빼면 기저귀에 센서가 잘 붙

어 있어서 크게 불편하진 않았다. 기저귀에 소변 표시줄이 생긴 다음에도 알림으로 확인하는 재미 때문에 초반에는 열심히 바꿔 달아줬다.

엉덩이 관리만 해주나요?

수유등과 온습도 관리도 가능

눈치챘겠지만 나는 새 기저귀에 센서를 달아주는 작은 동작마저 금세 귀찮아져서 센서는 거의 사용하지 않고 대부분 수유등으로 썼다. 모닛의 수유등은 빛이 은은하고 조절하기 쉬워서 새벽에 아이를 돌볼 때 요긴했다. 근래 출시된 모델은 구글 어시스턴트로 연결해 음성 조작도 가능하고, 공기 상태, 온습도까지 알려준다고 한다. 우리 집에는 미세먼지 감지기가 따로 있어서 이 기능 역시 많이 쓰지 않았지만, 공기 질을 알려주는 제품이 없는 가정이라면 모닛만으로도 가성비 좋은 육아 환경을 만들 수 있다. 배변 활동 기록 외에 수면 기록 기능도 '베이비타임' 앱으로 대체할 수 있다.

아픈 아이 밤새 지켜주는 베이비 모니터

비슷한 용품에 대해 조사하면서 '아이몬aimon'이란 제품도 발견했다. 이것은 타 스마트 센서와 달리 산소포화도와 심박수를 감지해줘 아픈 아이를 키우는 가정에서 꽤 유용하게 사용할 수 있다. 병원에서나 측정할 수 있는 산소포화도를 간단하고 안전하게 24시간 측정해서 알려준다니 확실한 구매 동기가 될 것이다.

어떤 제품이든 사용자에 따라 쓸모가 생길 수도 있다. 베이

비 모니터 후기를 보면 어떤 사람은 뒤집기 지옥인 시기에 효과적이었다고 했고, 또 다른 이용자는 분리 수면 시 아이를 계속 확인하지 않아도 되어서 좋다고 했다. 제품을 구매하기 전에 다음 표를 살펴보며 내 아이에게도 이 제품이 필요한지 먼저 알아보자.

아기 상태 센서 대표 모델 비교

제품명	모닛 스마트 베이비 모니터	아이몬 스마트 밴드	아코이하트	오울렛 스마트 삭스
측정값	대변·소변·가스 감지, 아기 활동량 감지, 수면 시 뒤척임 감지, 아기 주변 공기 질(온습도, VOC 가스) 측정	산소포화도·심박수·체온 감지, 낙상·울음 감지, 수면 관리(수면 상태 및 패턴)	호흡·뒤집기 감지, 기저귀 소변 감지, 움직임 감지	산소포화도·심박수·수면 관리
착용 방식	기저귀에 부착	발목에 스트랩으로 착용	배꼽 아래 부위 옷 또는 기저귀에 부착	발에 감싸 착용
특징	수유등과 패키지 상품 최대 5명과 연결 가능 음성 인식 조작	성장에 따라 스트랩 변경	10초간 호흡 감지가 되지 않을 시 알람	스마트 삭스 플러스 사용 시 몸무게 25kg까지 사용 가능

엄마 손목 지켜주는 아기 비데

목욕하는 시간이 즐거워지는

아기 비데

지금껏 사용해본 육아템 중에 '아기 비데'만큼 가성비가 좋은 제품은 전무후무하다. 나는 지인들의 출산 선물로 꼭 아기 비데를 보낸다. 목도 못 가누는 아기의 응가를 치울 때마다 한 손으로 아이를 받쳐 들고 진땀 흘리는 초보 양육자에게 제격이기 때문이다. 아기 비데만 있으면 육아의 최고난도인 목욕과 대변 치우기를 혼자서 손쉽게 해결할 수 있다.

아기 비데 '머머Murmur'도 베이비페어에서 처음 만났다. 제품 설명을 보니 얼리어답터 기질이 발동해 써보고 싶다는 생각이

들었다. 그때 발동한 촉이 얼마나 대단한지! 쓰는 방법도 모르면서 덜컥 구매한 이 물건은 첫째에 이어 둘째가 거의 9킬로그램에 육박할 때까지 쓰며 본전을 뽑았다. 그 이후에도 사용하고 싶었지만 세면대가 무너질까 봐 참았다.

여기서 잠깐! 아기 비데가 뭔지 모르는 사람을 위해 이 제품을 간략히 설명해보겠다. 쉽게 말해 갓난아이를 한 손으로 안고 나머지 한 손으로만 엉덩이를 씻기거나 목욕시켜야 하는 힘들고 고된 상황을 도와주기 위해 만든 '의자'다.

브랜드에 따라 조금씩 다르지만 대부분은 길쭉한 의자 모양으로, 흡착 판을 세면대에 붙이고 뒷부분에 있는 턱을 세면대에 고정해 사용한다. 의자에 아기를 눕히듯이 앉히면 한 손으로는 우아하게 샤워기로 물을 뿌리고 다른 손으로는 아기의 몸을 씻길 수 있다.

이렇게나 좋은 제품을 한두 번 쓰고 못 쓰겠다며 되팔거나 사용하지 않는 사람들이 있다. 의자를 세면대에 걸쳐둔 모양새가 떨어질 것처럼 굉장히 아슬아슬하고 무섭기 때문이다. 처음에는 겁나고 불안하더라도 이왕 들였다면 하루에 한 번씩 비데로 아기 씻기는 연습을 해보자. 여기에 익숙해지면 팔로 안고 씻기는 것보다 훨씬 안정적으로 씻길 수 있다.

4똥*: 하루 네 번째 대변을 칭하는 우리 부부의 육아어

#1일 1똥 하면 안될까?

#1일 3똥까진 봐줄게

#그런데 오늘은 4똥

다방면으로 활용하는

진또배기 육아템

아기 비데로 유명한 브랜드가 많지만 나는 '머머 다기능 아기 비데(이하 머머)'를 추천한다. 군더더기 없는 구조로 보관이 편리하고, 수유 시트로도 사용할 수 있기 때문이다.

수유할 때 팔이 아프다면 머머의 물구멍을 실리콘 뚜껑으로 막고 아이를 앉혀서 분유를 먹일 수도 있다. 하지만 나는 물구멍을 막고 수유 시트로 변신시키는 과정이 번거로워서 수유 시트로는 사용하지 않았다. 대신 머머의 본래 기능은 충분히 활용했다. 머머와 함께라면 형태가 어떻든 양이 어떻든 당황하지 않고 침착하고 즐거운 마음으로 기꺼이 응가를 치울 수 있다.

수유 시트 기능처럼 부가적인 기능보다 생식기 주변을 잘 씻기는 데만 집중하고 싶다면 다리 받침대가 있는 '밤비데'를 추천한다. 탈착형 아기 비데가 영 불안하다면 세면대에 고정하는 '포프베베proprebebe'의 '다기능 아기 비데'를 추천한다.

가볍게 물로만 뒤처리를 해주거나 손발을 씻겨주고 싶을 때 유용한 육아템도 있다. 가정집 세면대 수도꼭지에 설치하는 '워터탭'으로, 음용대 수도꼭지처럼 물이 분수처럼 올라오는 제품이다. 첫째 지안이의 응가는 부분가수분해 분유(일반 분유나 유제품을 먹으면 배앓이, 설사 등을 하는 아이의 우유 알레르기 예방을 위해 가수분해 유청 단백질(WPH)로 만든 분유. 소화가 잘되지만 변이 물러진다는 단점이 있다)를 먹여 양이 많고 묽어서 주로 머머를 사용했지만, 가끔 엉덩이만 살짝 씻겨줄 때는 워터탭을 사용했다.

워터탭은 아이가 혼자 세면대를 사용할 만큼 컸을 때 아이 손에 닿도록 도와준다. 어른도 양치할 때 컵 없이 편하게 입을 헹굴 수 있다. 우리 집에 가끔 놀러 오는 지인들은 워터탭을 보고 놀라면서 "화장실에 저거 뭐야? 되게 좋다!"라며 제품명을 묻곤 했다. 내가 사용하는 제품보다 기능이 개선된 요즘 워터탭 제품들은 물이 나오는 부분이 360도 회전되며 살균 기능까지 있다.

잡고 일어서는 아기에겐
샤워핸들 추천

아기가 돌 무렵이 되면 무언가를 잡고 설 수는 있지만 스스로 균형을 잡기는 어렵다. 그즈음에는 아기의 체중도 약 9~10킬로그램으로 늘어서 세면대에 아기 비데를 얹어서 쓰기도 조심스럽고, 미끄러운 욕조에 앉혀서 씻기기도 애매하다. 이런 불편함을 알고 누군가 좋은 제품을 만들었다. '프롬유 샤워핸들'이다.

백화점이나 쇼핑센터의 영유아 수유실을 보면 기저귀 가는 곳에 아이 가슴쯤 되는 높이로 봉을 달아두었다. 누워서 기저귀를 갈기 싫어하는 아기들이 봉을 잡고 일어서 있게 해주는 장치이다. 샤워핸들은 이와 비슷한 용도로, 아이 겨드랑이에

안전바를 받치고 엉덩이를 씻기거나 가볍게 샤워시킬 수 있는 제품이다. 아이가 샤워핸들에서 빠지지 않도록 안전하게 설계되었으니 넘어지거나 다칠 염려가 없다.

첫째가 9개월이 될 무렵 평소처럼 욕조에 앉혀서 씻기다가 아이가 뒤로 미끄러지면서 머리를 찧은 적이 있다. 이런 일이 생기고 나서 샤워핸들을 구매하려 했지만 8만 원이 넘는 가격 때문에 고민만 하다 결국 포기했다. 에잇, 둘째 생길 줄 알았으면 살걸!

샤워핸들은 아이를 씻기는 용도 이외에도 활동량 많은 아이를 잠시 세워놓고 기저귀 갈기, 옷 갈아입히기와 같이 고난도 육아 미션을 해결하는 데 유용하다. 다만 겨드랑이를 받쳐주는 핸들 바에 종종 아이 살이 낄 수 있어 주의가 필요하다. 또한 잘 서지 못하는 아이를 억지로 샤워핸들에 받쳐놓으면 어정쩡하게 버티다가 팔과 가슴이 빨개지기도 하니 아이가 어느 정도 다리에 힘이 생겼을 때 사용하는 게 좋다.

프롬유 샤워핸들의 기능을 보완하고, 기둥에 샤워기를 고정하는 '코니스'의 '이지 샤워 핸들' 제품도 있다. 반대로 아기를 손으로 받친 상태에서 샤워기를 고정시키고 싶은 양육자라면 버튼식 샤워기와 샤워기 홀더(샤워기 거치대)를 이용하는 것도 방법이다. 버튼식 샤워기는 수전을 만지지 않고도 물을 잠그는 기능이 탑재된 제품이고 샤워기 홀더는 샤워기를 들지 않고 원하는 벽면에 탈착해 사용하는 제품으로 저렴하지만 큰 도움이 되는 용품들이다.

출산 후 관절 마디마디가 아파본 엄마는 안다. 회복되지 못한 몸으로 최선을 다해 아이를 돌보면 어느 순간 자신이 처량해진다는 사실을. 몸이 아파도 잠깐 병원에 가서 물리치료 한 번 받기 어렵다는 사실에 우울해지기도 한다. 잠깐 쓰는 육아용품이더라도 그 시간이 나의 몸을 아껴준다면 가치는 충분하다. 살까 말까 고민하고 있다면, '산다'에 한 표를 던진다.

양치 전쟁 종결자, 양치 캔디

양치하면

사탕 하나 주지~

남편과 나는 치아 건강이 좋지 않은 부모님의 유전자를 물려받았다. 3살 차이 나는 여동생은 건치인 엄마를 닮아 하루에 한 번만 이를 닦거나 특별히 관리하지 않는데도 30년 넘게 충치도 없고 치열도 고르다. 그에 반해 나는 어릴 적부터 3분 이상, 규칙적으로 양치를 하는데도 충치가 생겨 이를 때우는 일이 잦았다. 지금은 어금니 중에 성한 것이 하나도 없을 정도다. 남편도 마찬가지다. 나는 그나마 부분 부분 이를 때웠지만 남편은 크라운으로 이를 다 씌우고, 번쩍이는 금니까지 여러 개 있다.

치아우식(충치)의 유전적인 요소를 분석한 한 논문에 따르면 치아우식은 여러 위험 요인으로 발생하지만 특히 법랑질의 강도나 타액 조성이 큰 영향을 미친다고 한다. '이는 타고나는 것'이 사실이라는 말이다. 그렇다고 유전 핑계를 대며 치아 관리를 소홀히 해서는 안 된다. 치아우식이 쉽게 발생하는 기질이라면 스스로 위험을 인지하고 적극적인 치료와 예방에 힘써야 건강한 영구치를 갖고, 삶의 질을 높일 수 있다. 실제로 최근 연구에서는 치아우식이 유전적 요인보다 모친의 임신 중 비만, 수돗물의 낮은 불소 농도, 설탕 과다 섭취 등 환경적 요인에서 기인한다는 결과까지 있다.

선천적으로 이가 약했던 우리 부부는 아이들의 치아 건강에 더욱 신경을 썼다. 지안이도 다른 아이들과 다를 바 없이 양치하는 시간을 좋아하지 않는다. 다행히 이가 늦게 나온 편이었지만, 매일 하루 3번 이를 닦아주었는데도 윗앞니 2개가 약간 변색되었다. 치과 영유아 검진에서 충치는 없다고 했지만 언제든 썩을 수 있다는 생각에 안심이 되지는 않았다. 아이들은 성인과 달리 치아 관리의 중요성을 잘 모르니 양치질이 더 어려울 수밖에 없다.

지안이는 "이제 치카하자!"라는 말이 떨어지기 무섭게 도망

가거나 “싫어요!”라고 단호하게 거절한다. 거부한다고 양치를 안 시킬 내가 아니지. 그럴 때면 도망가는 아이를 붙잡고 엉엉 울든 말든 억지로 이를 닦였다. 하루는 주말에 육아를 도와주러 오신 시어머님이 애를 울리면서까지 이를 닦이냐고 걱정 섞인 핀잔을 하셨다. 친정엄마도 내게 영구치가 났을 때 잘 닦이면 된다며 사서 고생하지 말란다.

#치카치카
#윗니 아랫니
#어금니는 아직 안 났군

그러나 유치가 어차피 빠질 이라고 관리를 소홀히 해도 된다는 건 잘못된 상식이다. 영구치는 6세쯤 아랫니부터 빠지며 올라오기 시작해서 12세쯤이면 완성된다. 만약 썩은 유치를 치료하지 않고 방치할 경우 그 밑으로 염증이 생겨 영구치가 정상적으로 자라는 데 치명적인 문제를 일으킬 수 있으므로 반드시 관리하고 치료해야 한다.

하지만 양가 부모님으로부터 잔소리 아닌 잔소리를 들은 뒤 강경하던 나의 가치관이 조금 흔들렸다. 내가 너무 요령 없이 애를 잡아서 양치질을 거부하는 것은 아닌지 고민이 되었다. 그래서 지안이에게 잘 통할 법한 좋은 아이디어를 고민했다. 지안이가 좋아하는 인형으로 역할 놀이를 하듯이 "이제 우리 이 닦을 시간이네~. 누구 이 닦을 친구 없나요?"라며 자발적으로 참여를 유도했다. 다행히 이 방법이 잘 통해 한동안은 스스로 화장실에 걸어가 즐겁게 이를 닦곤 했다. 그런데 이 방법도 얼마 안 가 먹히지 않았다.

그러던 어느 날 놀이터에서 지안이 어린이집 친구 엄마와 이 닦기 고충에 대해 이야기를 나누다가 꿀템이 있다는 사실을 알게 되었다. 양치질 보상으로 '치카 사탕'을 주면 된다는 것이었다. 기껏 힘들게 이를 닦아놓고 사탕을 주라니 이게 무슨 말인가 싶어 물어보자 '퍼지락Fuzzy rock'이라는 무설탕 천연 자일

리톨 사탕을 소개해주었다.

충치균은 자일리톨을 설탕으로 착각하고 먹는데, 자일리톨은 단당류인 설탕과 달리 5탄당이므로 충치균이 소화할 수 없어 산을 만들어내지 못한다고 한다. 이런 식으로 에너지를 다 쓴 충치균은 활동이 약해진다. 그래서 자일리톨 성분으로 만든 사탕은 구강 내 세균 감소와 치아 건강 및 미백에 효과적이다. 또한 타액 생성을 자극하는데 입속에 타액이 풍부해지면 충치 발생을 억제하는 효과가 있어 구강 건강을 유지하는 데 도움이 된다고 한다.

이 닦기 싫어하는 아이들에게 양치 후 자일리톨 사탕을 하나씩 주겠다고 하면 이 닦기가 쉬워진다. 어느 정도냐면 어떤 어린이집에서는 퍼지락을 각 가정에서 챙겨 보내달라고 했다는 경우도 보았다. 나도 레몬 맛을 구매해 지안이에게 보상으로 제안하니 순순히 양치에 협조해주었다. 다만 엄마로서 다른 도구로 유인해 이를 닦인다는 마음의 부채감이 들었지만 충치 예방에도 좋고 아이도 좋아하니 만족한다. 이렇게라도 양치 습관이 들어 나이가 들면 스스로 잘하기를 기대할 수밖에. 인터넷에 '자일리톨 캔디 만들기'를 검색하면 저렴한 가격에 수제 자일리톨 캔디를 만드는 키트도 판매하니 참고할 것.

양치도 AR의 도움을 받는 시대

또 다른 양치 육아 꿀템으로는 '브러쉬몬스터'라는 앱이 있다. 브러쉬몬스터 앱은 AR(증강현실) 기술로 이 닦는 순서와 양치 가이드를 알려줘 아이가 혼자서도 구석구석 모든 이를 잘 닦도록 돕는다. 이를 잘 닦으면 게임처럼 캐릭터를 모으는 등 보상을 주어 이 닦는 재미도 느끼게 해준다. 앱은 무료지만 브러쉬몬스터에서 판매하는 전용 음파 칫솔을 연동해 양치 습관과 양치 결과 보고서를 알려주는 기능은 유료 멤버십에 포함된다. 전용 칫솔을 이용해 이를 닦으면 양치가 덜 된 부분을 알려준다니 참 똑똑한 앱이다.

26개월의 지안이는 아기 때에 비해 소근육이 많이 발달하긴 했지만, 각도를 조절해 구석구석 이를 닦는 능력은 아직 부족해 브러쉬몬스터를 사용하기는 어려웠다. 후기에 따르면 부모가 억지로 붙잡고 이를 닦으면 잘 되지 않는 부분도 이 앱을 사용하면 구석구석 닦을 수 있어 좋다는 의견과 스스로 양치하는 습관을 길러주기 좋다는 리뷰가 많았다. 꾸준히 사용한 어느 초등학생은 치과 구강 검진에서 치료할 치아가 없었다는 기적과 같은 후기도 발견했다. 칫솔질과 더불어 칫솔이 잘 닿지 않는 부위를 관리할 때는 치실을 추천한다.

자일리톨 사탕이나 브러쉬몬스터 등을 쓰면 도구에 의존한다는 죄책감이 있지만 아이와 이 닦기 전쟁을 하기보다 아이 치아 건강과 나의 정신 건강에도 좋은 제품들을 활용하는 게 낫다. 얼른 지안이가 커서 스스로 즐겁게 양치하는 날이 오길 기다려본다.

즐거운 목욕 시간 만드는 물놀이 장난감

목욕 싫어하는 아이에게는 놀이로 접근하기

지안이는 어릴 적부터 하루에 한 번은 꼭 통 목욕을 시켜줬다. 말이 통 목욕이지 사실 물놀이 시간이었는데 신생아 때부터 쓰던 아기 욕조 중에 큰 통에 물만 담아줘도 혼자 첨벙첨벙, 조잘대며 잘 놀아서 같이 놀아줄 필요도 없었다. 말을 잘 알아듣게 된 후부터는 아이를 욕조에 넣어주고 나는 욕실 문 앞에 앉아서 "그만하고 싶으면 엄마 불러~. 혼자 일어서지 말고."라고 일러준 뒤 잠시 쉬는 시간을 가졌다. 수시로 아이의 상태를 확인해야 했지만 끝없는 "엄마 놀아주세요!"의 늪에

서는 잠시나마 빠져나올 수 있었다.

물은 좋아하지만 목욕을 싫어하는 아이도 꽤 많고, 어릴 적에는 목욕 놀이를 좋아하다가 커서는 싫어하는 '목욕 정체기'가 오기도 한다. 그런 아이들은 대부분 '싫어' 병에 걸린 3세 무렵의 유아다. 이 시기의 아이들은 목욕뿐 아니라 모든 것을 거부한다. 왜 그럴까?

유아 행동문제에 관한 논문에 따르면 이때 나타나는 행동문제 유형은 크게 '외현화 행동문제'와 '내면화 행동문제'로 나뉜다. 이 시기의 아이들은 연령이 높아질수록 공격성 또는 과잉행동처럼 문제가 겉으로 드러나는 외현화 행동문제에서 일상에서 가벼운 신체적 문제와 불편감을 예민하게 받아들이는 내면화 행동문제로 변화한다고 한다.

유아들이 3~5세에 행동문제를 일으키는 데는 여러 가지 요인이 있지만, 전문가들은 어려서 정서 조절 능력이 부족하고 원하는 것을 말로 표현하기 어렵다가 자기 조절과 언어 능력이 발달하면서 자신의 욕구를 말로 표현하게 되기 때문이라고 본다. 실제로는 문제 유형이 변화한 것임에도 부모는 행동문제가 줄어드는 것으로 느낄 수 있다는 것이다.

일상생활에서 지나치게 긴장하고, 신체 문제와 불편에 예민하게 반응하는 것은 그 시기의 아이들이 흔히 겪는 현상이니

'우리 집 아이만 왜 이럴까?'라며 괴로워하지 않아도 된다.

지안이는 목욕을 좋아한 반면 잠과 관련해서는 굉장히 예민하고 불평이 많았다. 남들이 보기에 순한 아이라 한들 키우기 쉬운 아이가 어디에 있겠는가. 아이마다 힘든 부분이 다른 것뿐이다.

아이의 목욕 거부로 인해 씻기기를 어려워하는 양육자들을 위해 지안이가 재미있게 가지고 놀았던 장난감을 비롯한 인기 물놀이 장난감을 몇 가지 소개해보겠다.

어른도 좋아하는
거품 목욕

욕조는 공간을 많이 차지하고 욕실 관리도 어렵게 하지만, 많은 사람이 따뜻한 물에 몸을 담그고 힐링하고 싶다는 마음으로 욕조를 설치한다. 하얀 거품이 몽글몽글 가득한 욕조에서 보내는 시간은 천국이 따로 없는 휴식이다. 게다가 비누 거품은 어른, 아이 할 것 없이 마음을 설레게 하는 효과가 있다. 아이가 잘 걷고 균형도 잘 잡는 두 돌 즈음이 된다면 거품 입욕제 목욕을 시도해보자.

지안이는 14개월에 거품 입욕제에 입문했다. 하지만 거품 입욕제는 욕조를 미끄럽게 만들어 넘어질 위험이 있으므로 두 돌 이상부터 사용하는 것이 안전하다. 시중에 워낙 많은 제품이 출시되어 특정 브랜드를 추천하기는 어렵고 화학 성분이 적은 제품인지, 인공향료가 들어가 있지 않은 제품인지를 확인해 구매하자. 지안이는 '나띵프로젝트'의 '오감목욕 버블바스 입욕제'를 사용했는데 다른 가루 입욕제에 비해 거품은 적었지만 인공향료와 색소가 들어 있지 않아 안전하다.

#목욕 놀이 스티커

#거품 입욕제

#내가 다 즐겁네

최근에는 스프레이형, 클레이형, 슬라임형 등 다양한 입욕제가 출시되고 있다. 스프레이형은 한 번에 많은 양을 사용하게 되므로 일회성으로 쓰기 좋다. 클레이형 입욕제는 '본베인 봉봉버블 클레이' 입욕제를 사용해봤는데 가루형에 비해 거품이 적게 나지만 가루가 완전히 물에 녹아 없어질 때까지 시간이 오래 걸려 아이들이 가지고 놀기 좋았다. 슬라임형 입욕제는 유해물질이 섞여 있을 것 같아서 구매하지 않았는데 '케피 버블 슬라임'은 다시마와 해조류에서 추출한 성분으로 만들어 안심하고 쓸 수 있으며 물에도 잘 씻긴다고 한다.

목욕 놀이 장난감으로는 손으로 누르면 물줄기가 나가는 물총을 사용했다. 물속에서 물을 채우고 물 밖에서 물을 발사하는 장난감으로, 재질은 PVC다. 이런 목욕 놀이 장난감은 아이가 좋아하지만 물때나 곰팡이가 생길 수 있다. 지안이의 물총도 1년 넘게 사용하니 안쪽이 거뭇거뭇하게 변해서 다른 장난감으로 교체해줬다. 물을 담는 장난감은 건조가 생명이니 물이 잘 빠지는 제품을 선택하자. 또한 물에 닿으면 녹이 스는 부품이 포함되었다면 피하는 게 좋다. 피규어 형태의 물총 장난감 외에 태엽을 돌리는 장난감, 큰 버튼을 강하게 눌러야 물이 나오는 장난감류는 30개월이 되어서야 스스로 가지고 놀 수 있다.

그 외에 안전하면서 3세 이하가 가지고 놀 만한 다른 장난감으로는 '목욕 놀이 스티커'가 있다. 수영장 패들보드 같은 재질의 EVA 소재 장난감으로 물에 동동 뜨며 욕조나 벽에 붙일 수 있다. 고장 날 일이 없으며 가격도 저렴하다. 지안이는 원래 역할 놀이를 좋아해서 이 제품을 잘 가지고 놀았다. 유사 제품 중에는 '핑크퐁 목욕 놀이 스티커'가 가성비가 좋고 구매량이 가장 많지만, 나띵프로젝트의 방수 포스터와 방수 스티커 시리즈가 큼직하면서 디자인이 예쁘다. 목욕 놀이 스티커를 구매하면 함께 주는 메시 소재 가방에 스티커를 넣어서 잘 말리자.

이 방수 스티커 시리즈 중 '어푸띠부 물놀이 스티커 아쿠아리움'을 사용 중인데 물놀이 장난감 주제에 가격이 굉장히 비싸지만 KC 인증과 유럽 CE 인증을 받은 안전한 제품이라 만족하며 사용하고 있다. 이 스티커를 포스터에 붙이며 놀려면 욕조에서 일어서야 하므로 만 2세 이하의 아기에게는 추천하지 않는다. 앉았다 일어설 때마다 미끄러질까 봐 가슴을 쓸어내리지 않으려면 반드시 나이에 맞는 장난감을 구매하자.

눈이 따갑지 않은 샴푸템

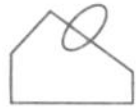

머리 한 번 감기기

정말 힘듭니다

육아에서 지안이가 다른 아이에 비해 수월한 부분은 '머리 감기'다. 지인들이나 인터넷을 보면 아이들이 목욕놀이는 좋아해도 머리는 감기려는 순간 질색해서 양육자들이 꽤 고생한다고 한다. 인터넷 커뮤니티에서 20개월 된 아이를 키우는 양육자가 샴푸 모자를 씌우려니 아이가 싫어하고, 안고 감기려니 너무 무겁고, 샤워기로 물을 뿌려 감기려니 허리를 안 숙인다며 팁을 구하는 글도 보았다. 그 글에는 하나같이 비슷한 경험을 한 양육자들이 댓글을 달았다. 다들 힘들지만 억

지로 빠르게 감긴다고 할 뿐 뾰족한 대책을 주진 못했다.

나라고 특별한 방법이 있는 건 아니다. 처음에는 지안이도 머리 감기를 힘들어해서 샴푸 모자를 써봤다. 하지만 매번 급히 씌우는 바람에 그 틈으로 물이 흘러내려 의미가 없었다. 나중에는 머리에 뭔가 쓰는 것을 싫어해 벗고 씌우기를 되풀이하곤 했다. 그래도 안아서 감길 생각은 해본 적이 없다. 대신 되도록 빠르고 능숙하게 얼굴에 물이 흐르지 않도록 씻기는 기술을 쌓고, 눈에 들어가도 자극이 적은 티어 프리 샴푸(tear free, 눈에 자극이 적은 샴푸)를 써서 머리를 감겼다(어느 정도는 따가운 것 같다).

어쩌면 지안이는 그나마 이런 부분에서 덜 예민했는지도 모르겠다. 그렇다고 지안이가 성인처럼 의연하고 순순하게 머리 감기를 즐긴 것은 아니었다. 요즘도 머리를 감길 때마다 짜증을 내며 "눈이 안 보여!"를 10번도 더 외친다. 그래도 도망가거나 거부하지 않는 것만으로도 너무나 감사하고 있다.

손님 물 온도는 어떠세요?
미용실 놀이하듯 머리 감기기

지안이는 또래보다 작아서 18개월까지 아기 비데

에 누워서 머리를 감았다. 덕분에 눈에 물이 잘 들어가지 않으니 아이도 힘들어하지 않았다. 이와 비슷한 방식으로 머리를 감을 수 있는 '깜꼬 샴푸의자'가 있다. 아기 샴푸 의자 중에 이 제품을 추천하는 이유는 공간을 적게 차지하고 디자인이 단순해 세척도 쉽고 인테리어를 해치지 않기 때문이다. 아기가 있는 집이라면 이미 아이 욕조가 있을 텐데 거대한 샴푸 의자를 따로 들이면 안 그래도 좁은 화장실이 물건으로 가득 차게 된다. 하지만 이 제품은 아이 머리보다 약간 큰 크기로 공간을 적게 차지한다. 무엇보다 아이 머리를 수월하게 감길 수 있고, 머리 감기를 좋아하게 되었다는 후기도 많다.

흡착식으로 욕조나 세면대에 잠깐 거치해 사용하는 형태이며 욕실용 유아 계단을 의자 삼아 욕조에 기대어 감기거나 집에 있는 아기 욕조에 붙여서 써도 된다. 다만 아이가 스스로 샴푸 의자에 기대 머리를 뒤로 젖힐 수 있는 세 돌은 되어야 사용할 수 있다.

아이를 키우다 보면 세상 돌아가는 것도 잘 모르게 되고, 신상품에도 당연히 무감해진다. 하지만 이 제품만큼은 모르면 안 된다. 먹이고, 입히고, 씻기는 것 모두 일인데 이 제품 하나로 아이와 미용실에 간 듯이 역할 놀이를 하며 하하 호호 씻길 수 있다.

"손님, 물 온도 괜찮으세요? 샴푸 하겠습니다~."

오감 발달에 좋은

놀이템

대근육, 소근육 발달에 좋은 국민 문짝

발달에 맞는 장난감

무엇을 사줘야 할까?

나는 집마다 하나씩 다 있다는 '국민 물건'도 꼭 필요한 제품이 아니면 사지 않는 편이다. 그래서 우리 집에는 그 유명한 '국민 문짝'이 없었다. 커다란 장난감이 집에 들어오는 게 싫었고, 누르면 빛이 나거나 소리가 나는 걸음마 보조기 장난감이 국민 문짝을 대신할 수 있다고 생각했다.

지안이가 두 돌이 막 지났을 때, 또래 여자아이를 키우는 남편 친구의 집에 놀러 간 적이 있는데 그 집에 국민 문짝이 있었다. 정확히 말하면 '아이코닉스ICONIX'의 '뽀로로 뮤직플러스 플

레이 하우스(이하 뽀로로 하우스)'라는 장난감이었다.

지안이는 난생처음 국민 문짝을 보고 눈이 휘둥그레졌다. 만져보고 싶은데 친구 장난감이라 선뜻 건드리지는 못하고 내 옆에서 몸을 비비 꼬며 "엄마 저거 뭐야?"라고 괜히 여러 번 물었다. 나는 친구에게 양해를 구하고 지안이가 뽀로로 하우스를 가지고 놀게 해주었다. 문도 열리고, 초인종도 있고, 뽀로로도 있으니 지안이가 너무 재미있어 하며 한참을 왔다 갔다 했다. 그러고는 집에 돌아와서도 몇 번이고 그 얘기를 해서 미안한 마음이 들게 만들었다.

아이들에게는 발달 시기에 맞게 놀잇감을 마련해주어야 한다. 어떤 장난감을 꼭 사라는 말이 아니라 어떤 장난감이든 발달 단계에 맞는 놀이가 아이의 성장을 돕고 더 즐겁게 놀 수 있게 해주는 방법이라는 뜻이다. 국민 문짝이 유명한 이유는 앉아서 놀기 시작하는 나이인 6~7개월 무렵부터 아이들이 가장 좋아하는 까꿍 놀이를 함께 즐길 수 있기 때문이다.

아이 발달에 따라 어떤 놀잇감을 줘야 하는지 알면 충동구매로 장난감이 애물단지가 되는 일을 방지할 수 있다. 다음 표에는 아이의 발달 단계에 따라 필요한 놀이를 간략히 적어보았다. 하지만 개월 수에 집중하기보다 아이의 현재 발달 상황에 맞춰 제공하는 것이 좋다.

아기 발달 단계에 따른 놀이 및 장난감

월령	발달 단계	추천하는 놀이, 장난감
0~3개월	① 소리와 빛에 반응한다 ② 움직이는 물체를 본다	모빌, 딸랑이, 튤립 사운드북
3~6개월	① 잡아주면 앉는다 ② 다리를 편다 ③ 손을 뻗어 물체를 잡는다	거울, 오뚝이, 전동 장난감, 아기 체육관, 소서, 꼬꼬맘
6-12개월	① 혼자 앉는다 ② 기어다닌다 ③ 붙잡고 선다 ④ 작은 물건을 쥘 수 있다 ⑤ 대상 영속성이 생긴다	까꿍 놀이, 공놀이, 러닝홈, 에듀 테이블, 걸음마 보조기
12~18개월	**12개월** ① 혼자 걷는다 ② 혼자 일어선다 ③ 기어오른다 **15개월** ① 그리는 시늉을 한다 ② 작은 물체를 입구가 좁은 병에 넣는다 ③ 입방체를 2개 쌓는다	넣고 빼고 밀고 다니는 장난감, 쌓기 놀이, 미끄럼틀, 블록
18~24개월	① 잘 뛴다 ② 기어서 오르내린다 ③ 간단한 문장을 말한다 ④ 그림책을 읽어주면 귀 기울여 듣는다	소근육 발달 장난감, 모래 놀이 장난감, 물놀이 장난감, 그림 그리기
24~36개월	**30개월** ① 흉내를 낸다 **36개월** ① 세발자전거를 탄다 ② 수를 셋까지 센다 **60개월** ① 소꿉놀이를 한다	자전거 타기, 역할 놀이 장난감

국민 문짝 3종 특징

제품명	놀잇감 종류	특징
피셔프라이스 래프앤런 러닝홈	문, 열쇠(눌러 돌리기), 도형 끼우기, 공 넣고 빼기(홈통), 버튼(초인종), 스위치(전등), 시계, 창문(위아래로 여닫기), 돌리기(낮밤, 꽃님, 집 번지수), 넣고 빼기(우편함), 라디오, 책(넘기기)	구성이 간결하고 다양함
아이코닉스 뽀로로 뮤직플러스 플레이하우스	문, 열쇠(돌리기), 도형 끼우기(우편함), 공 넣고 빼기(굴뚝), 버튼(초인종, 전등), 시계, 창문(위아래로 여닫기), 배변 놀이(휴지, 변기), 거울, 전화기	캐릭터, 배변 훈련 놀이 가능
리틀타익스 액티비티 가든	문, 도형 끼우기(우편함), 공 굴리기, 놀이판(돌리기 3종, 누르기, 거울), 망원경, 창문(여닫이), 악기 연주(실로폰), 미끄럼틀	닫힌 공간인 하우스형과 펼쳐 사용하는 가든형 2가지로 사용

국민 문짝은 실패하지 않는 장난감 중의 하나고 오래 사용하므로 구매하는 것도 나쁘지 않다. 어떤 문짝을 살지 고민 중이라면 위의 표를 참고해보거나 종류별로 한 달씩 대여해보고 구매하는 것도 좋은 방법이다.

세 제품 모두 까꿍 놀이를 할 수 있는 '문', 넣고 빼기를 즐기는 12개월부터 도형 구분이 가능한 24개월 아기들이 하기 좋은 '도형 끼우기', 그리고 손에 쥔 물체를 놓을 수 있는 15개월 아기를 위해 '공을 굴리거나 넣는 놀이'를 포함한다. 7개월 아기에게는 뽀로로 하우스를 추천한다. 다른 제품에 비해 변기나 휴지처럼 실생활에서 쓰는 상징물이 포함되어 아이들에게 친숙하고, 거울을 보며 노는 이 시기의 아기에게 좋은 장난감이 되기 때문이다.

국민 문짝들의 제조사가 밝히는 권장 사용 연령은 6~36개월이다. 대충 넓게 정해놓은 것 같지만 다 이유가 있다. 장난감 구성에 기어다니기 시작하는 6개월 아이들부터 36개월까지 즐길 수 있는 다양한 부속이 준비되어 있기 때문이다. 이렇게 알고 보니 이제껏 '문짝'이라고 부르던 이 장난감, 특별하게 보이지 않는가?

창의력 뿜뿜, 통합 발달 쑥쑥 미술놀이

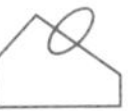

오늘은 엄마가 미술 선생님

부담스러워하지 말아요

인스타그램에서 '#엄마표' 태그를 검색하면 '엄마가 집에서 해줘야 할 일이 이렇게나 많다니! 먹이고, 씻기고, 재우는 일만으로도 지치는데 저렇게 놀아준다고?'라는 생각에 입이 다물어지지 않는다. 엄마표 영어, 엄마표 미술, 엄마표 놀이, 엄마표 홈스쿨 등 요즘 엄마는 팔방미인이 되어야 한다. 이 중에서도 엄마표 영어와 미술이 가장 화두다. 나는 다행히 시각디자인을 전공한 '미대 나온 여자'라서 수월하게 미술놀이를 해줄 수 있지만, 가끔 엄마표 놀이에서 유명한 사람들의 작품을 보면 '엄마표'라는 말이 되레 거부감으로 바뀌곤 한다.

엄마표 놀이는 엄마들에게 자유시간을 주는 기적의 놀이가 아니다. 하지만 아이들은 너무 좋아하고 시간 가는 줄 모르고 빠져든다. 나도 엄마표 놀이를 준비해서 아이들이 창의적으로 놀고, 집중하는 모습을 보면 마음이 뿌듯하다. 그래서 조금 귀찮아도 2주에 한 번씩은 해주려고 노력하고 있다. 어떤 놀이든 부담 없는 선에서 감당할 만큼만 해주자. 여기서는 최소한의 준비와 간편한 뒤처리가 장점인 엄마표 놀이를 소개해보려 한다. 귀찮은 건 딱 질색인 나도 해낸 간단한 놀이이니 여러분도 할 수 있다.

유아용 미술놀이가 처음이라면 물감과 크레용으로 시도하기

아기가 기어다닐 때도 할 수 있는 미술놀이가 있다. 지퍼백에 물감을 넣고 완전히 봉한 다음 손으로 누르면서 물감이 여기저기로 퍼지며 섞이는 것을 관찰하는 놀이이다. 약간의 촉감 놀이 기능도 있다. 지안이에게도 이 놀이를 해주려고 처음으로 유아용 물감을 샀다. 성인용 물감으로도 가능하지만

이때 유아용 물감을 미리 구비해두면 나중에 다른 엄마표 놀이에도 사용할 수 있다.

유아용 물감은 달걀노른자를 사용한 '템페라tempera' 물감을 사용하면 좋다. 만들어 사용하는 것이 번거롭다면 '지오토GIOTTO'의 제품을 추천한다. 1리터 용량으로 맘껏 써도 되고, 색이 선명하며 빨리 마른다. 나는 자주 사용하지 않을 것 같아서 스노우 물감 140밀리리터 3색을 구매했는데, 역시나 반 이상 남아 방치 중이다.

붓은 아직 어려서 물감을 사용하지 못하더라도 물 그림 그리기 놀이에 활용할 수 있으므로 몇 자루 사두면 좋다. 내가 쓰는 '마이 리틀 타이거MY LITTLE TIGER'의 '타이거 점보 붓 세트'는 가격도 저렴하고 질도 나쁘지 않다. 미술적 식견이 아주 까다롭고 높지 않다면 이것보다 더 좋은 모질의 붓을 쓸 필요는 없다.

물감 이외에 지안이의 첫 미술 도구는 '먹어도 되는 초콜릿 크레용'이었다. 이 크레용은 손이나 옷에 잘 묻어나지 않아서 준비나 뒤처리가 간단하다. 지안이는 손에 힘이 생기고 뭔가 쥘 수 있는 돌 무렵부터 크레용으로 그림 그리기를 시켜봤는데 별로 좋아하지 않았다. 누구나 자식에게 자신과 같은 길을 추천하고 싶지 않은 것처럼 나 역시 '미술만은 아니었으면' 싶었는데 지안이는 정말 그리기에 흥미가 없었다.

엄마표 놀이에 촉감과 과학 더하기
무궁무진한 미술의 세계

지안이가 혼자 앉던 시절에는 다양한 감각을 자극하기 위해 '촉감 놀이'를 했다. 구강기를 지난 아이라면 두부나 미역, 쌀 튀밥과 같은 재료로 새로운 미술놀이를 접하게 해주는 게 좋다. 이제 본격적인 엄마표 놀이가 가능해진 것이다. 그림 그리기에 흥미가 없는 아이라도 촉감 놀이라면 환장한다. 지안이가 돌 무렵부터 세 돌이 다 된 지금까지 좋아하는 미술놀이는 단연 '젤리 촉감 놀이'다. 준비가 정말 간단하고 반응이 좋아서 꼭 해보라고 권하고 싶다. 이것을 활용해 인스타그램 인플루언서들 사이에서 소위 '스몰 월드'라고 불리는 놀이도 있다. 커다란 쟁반처럼 생긴 놀이용 트레이에 색을 넣어 만든 젤리와 모래, 눈 촉감의 스노우 파우더 등으로 해변이나 눈 덮인 지형을 만들고 그곳에 피규어를 배치해 촉감 놀이와 역할 놀이를 동시에 하는 것이다.

스몰 월드를 만들어주면 아이는 좋아하지만 놀이용 트레이가 필요하고 손이 많이 가 부담스럽다. 그럴 땐 놀이용 트레이 대신 욕조에 식품 보관 용기로 만든 젤리를 목욕 전에 주어 놀게 해보자. 나도 스몰 월드를 만들어줄 만큼의 심적, 시간적 여

유가 없어서 그냥 아이가 좋아하는 피규어를 넣은 젤리를 만들어서 주었다. 그러면 지안이는 젤리 속에 갇힌 피규어를 꺼내주는 상황극 놀이를 하기도 했다. 이 놀이에 필요한 준비물은 식용색소와 젤라틴 가루, 딱 2가지다. 젤라틴 가루는 식용 젤리를 만들 때 쓰이는 인체에 무해한 가루다. 나는 쇼핑몰에서 한천 가루(또는 젤라틴 가루) 400그램을 샀는데 양이 너무 많아서 한참을 썼는데도 반 이상 남아 있다. 식용색소는 제빵에도 많이 사용되는 '셰프마스터' 식용색소 6색을 썼다. 단 한 방울로도 선명하고 예쁘게 발색되고 안전한 성분이어서 걱정이 없다. 그 외에 파프리카, 치자, 카카오 등의 식물에서 색을 추출해 만든 '천연 식용색소'도 있다. 일반 식용색소와 비교하면 합성보존료가 들어 있지 않아서 안심하고 사용할 수 있다.

24개월이 지나고서는 소근육이 더욱 발달해 다양한 미술놀이를 시도했다. 그동안 손에 묻을까 봐 겁나서 사용하지 않았던 '도트 물감'도 개시했고, 색연필과는 다른 느낌의 '사인펜'도 사주었다. 그 때문에 아이는 한동안 색연필을 거들떠보지도 않았다. 도트 물감은 사용법을 알려주고 놀이 후 손을 씻겨주니 걱정과는 달리 잘 관리되었다. 동그라미 모양으로 찍을 수 있어 수 세기 같은 워크지에도 활용하면 좋다.

실패하지 않는 또 다른 엄마표 미술놀이템은 스포이트와 동그란 화장 솜, 코인 티슈다. 물에 물감을 타서 스포이트로 빨아들인 다음 화장 솜이나 코인 티슈에 떨어뜨리며 색을 물들이는 놀이다. 화장 솜과 코인 티슈를 이런 용도로 사용할 수 있다니 감탄이 절로 나온다. 게다가 물감으로 하는 놀이인데도 뒤처리가 간편하다. 이런 엄마표 놀이를 최초로 고안한 사람이 누구인지 궁금하다. 스포이트를 처음 접해본 지안이는 근래 들어 가장 신기한 것을 본 표정으로 흥미로워하며 오랫동안 조용히 집중했다(주의, 남아들은 비교적 스포이트를 조심성 있게 사용하지 않아서 생각대로 미술놀이가 되지 않고, 물을 쏟아붓는 데에 열중하니 각오해야 한다).

엄마표 놀이 전
준비물 구비부터

엄마표 놀이 아이템은 너무 많아 일일이 열거하기 어렵다. 하지만 어떤 놀이를 하든 꼭 필요한 준비물이 있다. 플레이 매트와 놀이용 트레이, 놀이 가운이다. 나는 플레이 매트처럼 예쁜 제품이 있는 줄 모르고 김장용 매트 중에 촌스럽지 않은 색을 구매했다(김장 매트는 아주 저렴하고 가볍다). 만약 과

거로 돌아간다면 김장 매트 대신 미술놀이, 촉감놀이, 볼풀, 물놀이 등 여러 용도로 사용할 수 있는 플레이 매트를 사고 싶다. 추천 제품은 유해물질이 검출되지 않은 내장재를 사용한 '베베킷BEBEKIT'의 플레이 매트다. 이 제품은 가드 끝부분에 공기를 넣어 쓰는 형태로 매트가 튜브처럼 빵빵하게 부풀어 오르면 기댈 수 있을 정도로 모양이 단단하게 잡힌다. 디자인도 예쁘고 세척하기 편하도록 배수구도 있다. 김장 매트는 대충 말려서 꾸깃꾸깃 접어 보관하는데, 이 플레이 매트는 착착 접어서 전용 가방에 넣으면 되니 깔끔하고 간편하다. 김장 매트와 같은 너비로 사려면 가격이 3배 이상 차이 나지만 그래도 제대로 된 제품을 사서 편하게 쓰고 싶다면 망설이지 말고 구매하자. 미니멀한 디자인과 간편한 것을 좋아하는 양육자라면 '까사 드로잉casa drawing' 제품도 추천한다. 이 제품은 지지대 부분에 바람 투입구가 없지만 자주 사용한다면 오히려 이런 형태가 보관하기 쉽다. 이너 매트를 함께 구입하면 매번 매트 전체를 씻거나 닦아야 하는 수고로움을 덜 수 있다.

놀이용 트레이는 장난감 중에 '물이 나오는 싱크대'의 밑판을 활용해서 쓰고 있다. 크진 않지만 높이도 적당하고 쓸데없는 소비를 하지 않았다는 묘한 성취감이 든다. 하지만 인스타그램에 올릴 만큼 예쁜 흰색 트레이를 사고 싶다면 '빌랑VILANG'

의 '플레이트레이 화이트'를, 다양한 분위기를 연출하고 싶다면 라이트 박스가 내장된 '하퍼스 테이블Haper's Tabel'의 'LED 모래놀이 샌드 아틀리에'를 구매해 모래 놀이 겸 미술놀이 트레이로 사용하자. 투명 컬러 블록이나 컬러칩 등을 활용한 색깔놀이를 위해 라이트박스를 구매하고 싶은 사람이라면 '다나플레이의 라이트박스'도 좋다. 이 제품으로 모래 놀이를 하려면 전용 투명 트레이를 구매해 라이트박스 위에 얹어 사용하면 된다. 트위피 패드를 별도 구매해 블록 놀이도 할 수 있고, 트위피 블록을 컬러 블록처럼 활용할 수도 있다. 가격대는 좀 있지만 오랫동안 활용하기 좋다.

마지막으로 놀이 가운은 특정 브랜드보다 엄마가 원하는 디자인을 고르되 앞부분이 단추나 지퍼로 된 것보다는 뒤쪽에서 잠그는 형식, 팔다리에 고무줄이 들어간 제품을 고르면 된다. 나는 앞쪽에 단추로 잠그는 유아 가운을 샀는데 단추 사이사이로 물감이나 젤리가 들어가 옷이 젖어버리기 일쑤였다. 어린이집에서 미술놀이를 할 때도 챙겨 보냈더니 단추가 뒤로 가게 거꾸로 입혀서 놀이한 사진을 보내왔다. 이 사진을 보고는 내가 그동안 거꾸로 입힌 건가 싶어서 제품 설명을 다시 찾아 읽어봤다는 웃지 못할 에피소드도 있다.

내가 소개한 놀이는 대체로 기본적인 미술놀이다. 만약 다

양한 놀이를 해보고 싶은데 아이디어도 없고 발품 팔 시간도 없다면 웹사이트 '차이의 놀이chaisplay.com'에서 나이에 맞는 키트를 구매해 쟁여놓자. 구매 시 놀이 설명서가 함께 제공되어 준비 과정을 최소화하고 놀이에만 집중할 수 있다.

다양한 미술놀이 아이디어를 얻고 싶다면 인스타그램에서 '미대엄마@artist._.mom' 피드를 찾아보자. 『미대엄마와 함께하는 초간단 미술놀이』의 저자이자 미술치료학 박사 엄마가 실천하는 다양한 미술놀이와 미술 재료들을 볼 수 있다. '라온가득한 하루@jinanimida' 계정도 추천한다. 『라온이네 사계절 자연미술놀이』의 저자로 사계절 자연을 테마로 한 미술놀이와 기발하고 아름다운 놀이들이 가득하다.

아이들은 매일 돌아서면 심심하다고 노래를 부른다. 아이가 자꾸 놀아달라고, TV를 틀어달라고 조를 때는 키트를 만들며 시간을 보내보자. 키트만 갖춰놓으면 방문 미술 선생님 못지않게 양육자와도 즐거운 시간을 보낼 수 있다. 오늘은 생각난 김에 아이가 어린이집에서 돌아오면 놀게 해줄 스몰 월드를 만들어볼까 한다. 귀찮지만 아이가 좋아하는 모습을 상상하노라면 미소 지어지는 것이 엄마표 놀이의 진정한 기쁨이자 행복 아닐까.

인지 능력을 향상시키는 병풍&포스터

아기에게 병풍이라니?

유아 교육의 필수품!

아이 교육에 열혈 엄마가 될 생각은 아니었는데 어느 날 정신을 차리고 보니 나흘간 아기가 잘 때마다 병풍을 만들고 있었다. 사서 고생한다는 말은 바로 이런 걸 두고 하는 말이다. 일부러 손품이 드는 제품을 고른 게 아니라 몰라서 그랬다. 그래서 더 억울하다. 자고로 육아도 모르면 고생이다.

문제의 그 제품은 과일, 동물, 악기 등이 선명한 실사 이미지처럼 그려진 포스터로, 사은품과 함께 라이브 방송에서 판매하던 제품이었다. 짧은 시간 진행하는 특가라는 말에 혹한 탓도

있지만, 과일과 동물의 이미지가 예쁘고 큼직해서 맘에 들었다. 그런데 그 제품을 판매하는 곳에서 이 벽 포스터를 아기 병풍으로도 만들 수 있다며 친절히 유튜브 영상까지 공유한 것이 문제였다. 아무것도 모르는 초보 엄마였던 나는 이 아이디어에 감동해 직접 아기 병풍 만들기에 도전했다.

이 벽 포스터 세트의 가격은 1만 원, 그런데 병풍으로 만드는 데 필요한 재료비는 그것의 3배였다. 대형 폼보드 6장과 마스킹 테이프 3롤, 양면테이프 2롤과 내 휴식 시간을 갈아 넣었으니 말이다. 만드는 방법은 이렇다. 먼저 폼보드를 포스터 크기만큼 자른 뒤 양쪽 면에 양면테이프로 포스터를 깔끔하게 붙인다. 그런 다음 포스터를 붙인 폼보드를 마스킹 테이프로 병풍 형태로 이어 붙인다. 며칠에 걸쳐 마스킹 테이프를 꼭꼭 눌러 붙이다가 병풍이 접히는 부분의 테이프가 덜렁거릴 때쯤 알게 되었다. 처음부터 병풍 형태로 출시되는 완제품 아기 병풍이 있다는 사실을. 게다가 세이펜으로 찍으면 소리가 나오는 제품, 세이펜 없이 손으로 눌러 소리를 들을 수 있는 제품까지 있다는 것을 말이다.

'아기 병풍'이란 이름으로 알려진 한국과 다르게 외국에서는 'educational poster'로 검색하면 우리가 많이 본 그림과 사진이 담긴 포스터가 나온다. 이런 종류의 병풍이나 포스터는 사물을 인지하고 말을 배우는 아이들에게 사용하는 학습 도구다. 이제 막 앉기 시작한 아이에게 무엇을 가르친다는 것이 무리 같지만 그림 카드나 사물 그림책을 보여주며 단어와 사물을 연결하는 정도는 가능하다. 요즘은 인지 능력의 중요성이 강조되면서 7~12개월 아이들이 꼭 해야 할 필수 놀이가 되었다.

이 무렵의 아이들은 색깔도 구분하고 작은 물체도 볼 수 있지만, 비슷한 물체가 같이 놓여 있으면 잘 구분하지 못한다. 따라서 포스터는 배경이 없는 단순한 그림이나 사진이 있는 제품을 선택해야 한다. 글자도 간결한 것, 멀리서도 쉽게 식별되는 크기의 그림과 글자로 구성된 것을 고르면 좋다. 개중에는 그림 대신 실물 사진이 많이 수록된 점을 강조하는 제품도 많다. 실제로 영아들은 그림보다 사진을 더 좋아하는데 이는 선호도라기보다 아직 상징에 대한 이해가 부족하기 때문일 수 있다.

나이가 많은 아이나 어른은 사과 그림을 보면 그것이 사과라는 걸 안다. 하지만 유아들은 언어적, 추상적으로 생각하는 능력에 한계가 있어 사과 그림이 사과를 나타낸다는 사실을 알지 못한다. 다시 말해 사과 그림만 보고 실제 사과를 본 적이 없는 아이는 그림 속 사과와 실제 사과가 같은 사물이라는 걸 인지하지 못한다. 그래서 3세 이전의 아이에게는 흥미를 끈다는 목적으로 예쁘게 그린 그림을 보여주는 것보다 실사나 사물을 보여주며 이것이 무엇인지 알려줘야 한다. 연구에 의하면 2세 전후가 되어야 어느 정도 상징을 이해할 수 있다고 한다.

또 영아기의 아이들은 실제 사물과 너무 유사해도, 또 너무 달라도 표상적인 관계(어떤 실체를 다른 무엇으로 대신하여 나타낼 수 있음을 아는 것)를 이해하기 어려워한다. 즉, 3세 미만의 영아에게 교육적인 개념을 전달하기 위해서는 실물이나 사진, 영상을 사용하는 것이 도움이 되고, 그림이 표상임을 이해할 수 있는 3세 이상의 아이들에게는 그림을 보여주는 것만으로도 인지 발달과 사고 능력 향상에 도움이 된다.

3세 미만의 아이들에게 보여줄 유아 병풍이나 포스터는 실물 사진 또는 세밀화로 된 제품을 추천한다. 마이 리틀 타이거의 '타이거 홈스쿨 벽그림'은 병풍 스타일은 아니지만 실물보다 예쁘고 생동감 넘치는 사진을 넣어 아이가 쉽게 사물을 인지할 수 있다.

사람의 신체를 학습하는 포스터에는 실물 사진 대신 일러스트를 넣지만 '키즈몽드 빅 병풍 놀이터 병풍책'은 아기의 실사 사진이 들어 있다.

내가 다시 병풍을 산다면 '마이앤트 쁘띠아코 아기 병풍'을 고르고 싶다. 모든 페이지에 대상의 특징이 잘 드러나도록 정성스럽게 그린 세밀화가 수록되었고, 다른 포스터에서 찾아볼 수 없는 감성도 느낄 수 있다. 한쪽 페이지에는 안전 거울이 달려있어 터미 타임을 할 때나 거울 놀이를 할 때 쓰기 좋다.

오랫동안 활용하기 좋은 아기 병풍으로는 '코튼버니 아기 병풍 차트'가 있다. 병풍 차트 속 홈에 과일 카드와 동물 카드를 풀로 붙여 DIY처럼 사용할 수 있는 독특한 병풍이다. 기존에 가지

고 있던 학습 카드를 붙여도 되니 활용도도 높다.

3세 이상 되는 아이에게는 '하뚱 세이하우스 사이언스' 제품을 추천한다. 바다, 땅속, 인체, 우주를 선명하고 재미있는 일러스트로 심도 있게 다루어서 과학을 즐거운 놀이로 느끼고 배울 수 있다.

외국의 포스터 형태와 달리 한국에서 병풍 형태의 제품이 많은 것은 비교적 집이 넓지 않기 때문일 것이다. 8~9개월 아이들은 대상 영속성이 발달하면서 사물이 눈에 보이지 않아도 사라진 것이 아니라는 점을 배우기 시작하므로 문을 여닫으며 까꿍 놀이를 해주면 좋아한다. 아이들이 자주 보고 자유롭게 놀 수 있도록 튼튼한 제품을 사주자. 3세, 5세가 다 되어가는 우리 집 아이들도 틈만 나면 이 병풍책으로 집을 만들고 학교 놀이를 하는 등 정말 좋아해서 너덜너덜해진 지금도 아직 버리지 못했다.

어떤 지식이든 자주 접하면 장기 기억으로 넘어가기 쉬우므로 인지 발달을 위한 포스터는 아이가 자주 보는 곳에 붙여두고, 병풍이라면 자주 펼쳐서 보여주자. 양육자가 인간 세이펜이 되어 동물 소리도 내주고 지금 손가락으로 가리키는 것이 몇 번인지 이야기해주다 보면 아기가 반응을 보이고 사물을 인지하며 "사과 어디 있지?" 하는 질문에 대답하는 날도 온다. 지루하게만 느껴지는 육아도 언젠가는 재밌어질 때가 온다는 뜻이다. 아이가 더 이상 벽 보고 이야기하는 존재가 아닌 상호작용이 되는 순간, 주책맞게 '우리 아이 천재 아니야?'라며 고슴도치맘이 되는 것은 남의 일이 아니게 될 것이다.

없으면 서운한

서브템

집안일 할 때 태우는 보행기

아이는 세상이 궁금하고

나는 팔이 아프다

6개월이 된 아기는 바닥을 기면서 매우 활동적으로 움직인다. 첫째 지안이는 또래보다 작았고, 저지레가 심하지 않은 편이라 거실 매트에서 놀다가 위험한 곳으로 가면 몇 번이고 안아서 다시 매트에 옮기며 키웠다. 베이비 룸도 고려해봤지만, 아이가 울타리에 갇힌 답답한 느낌이 들 것 같았고 집도 좁아지는 게 싫었다. 그렇게 버티다가 생후 7개월쯤 돼서야 화장실도 자유롭게 가고 맘 놓고 샤워도 하고 싶은 마음에 남편에게 보행기를 쓰겠다고 엄포를 놓았다.

주변 사람들은 남편이 소아청소년과 의사이니 아이가 아플 때 걱정 없겠다며 부러워하지만, 때로는 아이를 너무 잘 알아서 남편이 다른 직업이었으면 하고 바란 적도 많았다. 남편은 내가 산후조리원을 알아볼 때 산후조리원 신생아실에서 병이 옮는 아이들이 종종 있으니 가지 말라고 해서 대판 싸움이 날 뻔했으며, 보행기는 낙상의 위험이 있다며 반대했다.

소아청소년과 의사들은 생후 6~8개월 정도 된 아기는 보행기를 쓸 수 있다고 말한다. 하지만 아기가 보행기를 타고 계단이나 턱이 있는 곳에 가서 뒤집힌다면 골절이나 머리에 외상을 입을 수 있고, 물건을 잡아당겨 떨어뜨리거나 다칠 위험도 있으니 보행기 사용을 권하지는 않는다. 미국소아과학회에서도 유아 보행기 사용을 강력하게 금지하고 있다. 미국 가정집은 계단과 문턱이 많아 보행기 사고 위험이 높은 편인데도 이 용품 덕분에 힘든 육아를 버티고 있는지 매년 2,000명 이상의 아기들이 보행기 사고로 응급실을 찾는다고 한다.

의사들은 보행기 대신 아이가 고정된 장소에서 혼자 노는 '소서saucer'나 하네스가 있는 유아용 '하이 체어high-chair'를 사용하도록 권하고 있다. 하지만 나는 남편에게 직접 육아할 거 아니면 반대하지 말라며 보행기를 들였다. 내 입장에선 절실했기 때문이었다. 아이는 세상이 궁금했고, 나는 잠시 숨 돌릴 틈이 필요했다. 우리 둘 다 신체적 자유가 필요한 시기였다. 둘째 서안이는 7개월이 되자 또래보다 체구가 작은 누나랑 같은 치수 기저귀를 쓸 정도로 통통해졌다. 그래서 지안이 때처럼 하루에 30번도 넘게 번쩍번쩍 안아서 매트로 되돌려놓은 날에는 밤마다 팔목과 팔꿈치가 욱신거려 파스를 붙여야 했다.

#하루에도 수십 번 안기
#손목은 이미 너덜너덜
#사랑하니까 견딘다

보행기를 사기로 마음먹었다면 구입 전 체크리스트

신혼 때 남편은 장난감이나 건전지가 목에 걸려서 응급실에 오는 아이들이 많다며 "왜 아기 있는 집에서 건전지나 작은 물건을 바닥에 두는지 모르겠어."라고 말했다. 우리 남편, 왜 그런 일이 일어날 수밖에 없는지 이제는 알까?

지안이는 역할 놀이를 좋아해서 집에 소꿉놀이 장난감은 물론 플레이 모빌도 많았다. 플레이 모빌은 구성품이 많은 데다가 크기가 매우 작아서 아기가 삼키기 쉽다. 둘째는 누나가 가지고 노는 것이라면 뭐든 궁금해해서 멀리 떨어뜨려도 무서운 속도로 장난감을 향해 돌진한다. 그러고는 뭔가 집어 무조건 입으로 집어넣는데 어찌나 빠르고 힘이 센지 뛰어가서 뺏는 것보다 아예 처음부터 못 가게 붙드는 게 더 안전하다.

40킬로그램 중반인 내가 호기심 많고 힘센 남자아기와 지안이를 같이 돌보며 놀아줄 수 있을까. 베이비 룸을 설치해서 둘째를 분리하는 방법도 있겠지만 불쌍한 눈빛으로 '나를 꺼내라'라며 목청껏 울어댈 게 분명하다. 지안이도 아직 한창 엄마랑 놀고 싶은 어린아이인데 좋아하는 역할 놀이 말고 다른 것을 하자고 설득할 수도 없는 노릇이다.

그래서 둘째는 결국 보행기행이다. 서안이는 보행기를 타고 자유롭게 돌아다니며 호기심을 채웠고, 지안이는 잠시나마 좋아하는 놀이를 즐겼으며, 나는 두 아이를 두고 집안일을 해치울 수 있었다.

나처럼 육아의 피로를 덜기 위해 보행기를 사용해야 한다면 최소한 아기 혼자 머리를 가누고 앉을 수 있는 6개월 이상일 때 고려하자. 오히려 걷기 시작하는 돌 즈음에는 위험할 수 있다. 기어다닐 때부터 걷기 전까지가 아기를 가장 많이 쫓아다니는 시기이므로 체력이 약한 양육자에겐 육아 효자템 중 하나다.

보행기에 아이를 태우고 있을 때는 항상 주의를 기울여야 하고, 20분 미만으로 사용해야 한다. 고작 20분이라고? 집안일은 산더미인데 설거지를 초스피드로 끝내는 시간, 밥을 후루룩 먹는 시간밖에 안 된다니! 안다. 현실적으로 20분만 태우는 것은 불가능에 가깝다. 그래도 되도록 안전 규칙은 지키도록 노력해보자.

보통 보행기 테이블에는 장난감도 함께 설치되어 있는데 화려한 장난감보다 아이가 잘 가지고 놀 만한 것인지 위생적으로 관리할 수 있는지를 따져서 사야 한다. 내가 산 보행기에는 물고 빨 수 있는 치발기 장난감이 달려 있었는데 이 치발기를 입에 넣으려다가 놓치면 얼굴을 때릴 수 있어 위험할 뿐 아니라 열탕 소독이 되지 않아 위생적으로 관리하기 어려웠다. 따라서 치발기 같은 장난감보다 건전지 없이 손가락으로 돌리거나 누르는 장난감이 좋다.

미국소아과학회에서 제정한 보행기 가이드처럼 한국에도 보행기 사용 안전 기준이 있다. 특히 한국 규정은 미국과 유럽보다 엄격하므로 반드시 참고하자. 그중 보호자가 꼭 알아두면 좋을 2가지 기준을 언급해보겠다. 첫 번째, 의도하지 않은 분리나 접힐 가능성이 없을 것. 이 부분은 생각보다 잘 적용되어 있지 않다. 보행기를 접어 보관하는 경우를 위해 고정을 풀고 다시 잠그는 부분이 있는데, 이 부분이 너무 쉽게 작동되도록 설계되어 있으면 아이가 이용하는 중에도 접힐 가능성이 있다. 접거나 높이를 조절할 때에는 반드시 아이가 없는 상태에서 해야 하며 고정이 어렵진 않은지 구매 시 확인해야 한다.

두 번째, 시동에 필요로 하는 힘이 9.8뉴턴(1뉴턴은 1킬로그램 물체가 미는 힘의 단위) 이하로 전후좌우 원활히 작동될 것. 이를 일반인이 측정하기는 어려우나 여러 제품을 비교해보면 쉽게 밀리는 것과 저항이 느껴지는 보행기가 구분된다. 이 중에는 후자를 추천한다. 너무 쉽게 밀리면 빠르게 움직여 사고로 이어질 수 있다.

쉬는 시간 만들어주는 바운서

바운서는 복불복템

사기 전에 후기는 꼭 읽자

조용하고 어두운 방에 눕히면 스스로 잠드는 아이. 내 아기는 아니지만, 그런 아기가 세상에 존재하긴 한다. 전설 같은 일명 '유니콘 베이비'는 정말로 부모의 큰 노력 없이 잠든다고 한다. 육아하기 전에는 아기를 재우는 게 이렇게나 힘든 일인지 전혀 몰랐다. 얼마나 어려우면 '아기 수면 컨설턴트', '아기 수면 전문가'라는 직업도 있다. 육아가 힘든 이유 중 8할은 잠투정 때문이다.

7개월 된 아기를 키우는 친구 부부가 우리 집에 놀러 온 적

이 있다. 한참 이야기를 나누다 보니 그 집 아기가 낮잠 잘 시간이 되었다. 친구의 아내는 평온한 얼굴로 이불을 달라고 하더니 아이를 재우러 방으로 조용히 사라졌다. 그런데 거짓말 하나 안 보태고 울음소리 한 번 없이 10분 뒤에 유유히 방에서 나왔다. "아기 자요?" 걱정스레 물어보니 그렇단다. 깜짝 놀라 "어떻게 그렇게 조용히 잠들었어요?"라고 물으니 원래 혼자 뒤척이다 스르륵 잔다고 대답하는 게 아닌가. '세상에, 아기가 혼자 자는 게 가능하단 말이야?'라고 놀라며 30분 넘게 흥분해서 질문을 퍼부었다. 당시 첫째의 잠투정이 너무 심했기 때문이었다.

내게도 무작정 애를 안고 어르는 것 외에 다른 방법이 필요했다. 그때 내 눈에 '바운서'가 들어왔다. 그동안은 비싸서 엄두를 못 내다가 잠투정에 지쳐 녹초가 되었던 어느 날, 홧김에 결제 버튼을 눌러버렸다. 여기에 태우는 아이는 누구라도 스르르 잠든다니 그렇게만 된다면 꿀템 중에 꿀템이었다. 이왕이면 바운서도 되고 하이 체어로도 쓸 수 있는 것을 사면 좋겠다는 생각으로 2in1 제품을 구매했다. 바운서는 짧은 사용 기간을 고려하면 가격이 비쌌지만, 1+1처럼 2가지 기능이 있는 제품을 사면 합리적인 소비 같았다.

그런데 웬걸! 지안이는 예상과 달리 바운서에 앉혀도 잠들기는 커녕 더 크게 울었다. 지안이가 편한 상태일 때 바운서에 앉혔다면 그곳을 편하고 안전하게 느껴 울 때 앉혀도 잘 수 있었을 것이다. 그런데 자지러지게 울 때만 바운서에 앉히다 보니 잘 달래지지 않는 것 같았다.

바운서는 엄마 배 속에서 느꼈던 진동을 재현해 아이를 진정시켜주는 제품이다. 하지만 민감한 아기라면 바운서의 움직임조차 불편하게 느낀다고 한다. 배앓이가 심한 아기들도 빛이나 소음 및 움직임에 민감하므로 카시트, 유아차, 바운서를 싫어할 수 있다.

바운서는 침대가 아닙니다
주의사항은 반드시 지킬 것

양육자들은 나처럼 아기가 바운서에서 울음을 그치고 스르르 잠들기를 기대하지만, 바운서에서 아기를 재우는 행위는 위험하다. 미국소아과학회에서는 아기를 평평한 바닥이 아닌 기울어진 데서 재우면 영아 돌연사 증후군을 일으킬 수 있어 바운서 사용을 강력히 금지하고 있다. 아기를 바운서에 앉힐 때는 기도가 열린 상태지만 바운서가 움직이면서 자세가 구부정해질 수 있기 때문이다. 그러면 목 근육이 약한 아기는 기도가 차단되어 매우 위험해진다. 그래서 아이가 바운서나 유아차, 그네, 카시트처럼 기울어진 장치에 타고 있을 때는 반드시 양육자가 감독해야 하며 잠은 평평한 곳에서 재우도록 권하고 있다.

하지만 아기를 손쉽게 재우고 싶은 양육자들의 바람 때문인지 이 주의사항은 좀처럼 지켜지지 않고 있다. SNS만 봐도 아기를 버젓이 바운서에 누인 채로 재우는 경우가 아주 흔하다. 나 또한 아기 재우기에 간절한 사람이기에 바운서에서 아기가 잠든다면 그대로 두고 싶을 것 같다. 하지만 사고에 예외란 없다. 반드시 사용 수칙을 준수해 아기가 잠들면 평평한 곳으로 옮겨주도록 하자.

바운서는 아기를 '재우는 기구'가 아니라 아기를 즐겁게 해주고 양육자를 잠시 편하게 해주는 육아용품이다. 그래서인지 코로나19가 유행했을 때 외출을 하지 못하는 아기들이 많아지자 바운서 매출이 급증했다고 한다. 지안이나 서안이에게는 효과가 없었지만 많은 아이가 바운서의 움직임을 편안하게 느낀다. 수동 바운서에서 혼자 발을 튕기며 노는 아이가 있는가 하면, 바운서에 달린 모빌을 한참 동안 보는 아기도 있다. 내 아기가 좋아할지 아닐지는 복불복이지만 바운서의 장점을 생각한다면 6개월 이전에 들이는 걸 고려하자.

한국에서는 바운서가 폭넓은 의미로 쓰이지만, 일반적으로는 바운서, 스윙, 락커 3가지 종류가 있다. 바운서와 스윙을 사용해보니 각각의 장점이 있었다. 아기를 흔들며 진정시키기 위한 용도로 쓰고 싶다면 스윙이나 락커가 어울린다. 아기를 양육자 시야에 두고 살림이나 간단한 볼일을 보는 용도로 쓴다면 바운서를 추천한다. 나도 아기를 바운서에 두고 설거지를 하기도 했다. 베이비뵨 바운서는 무게가 매우 가벼우면서 시트가 손쉽게 탈착돼 스윙에 비해 관리가 편하다는 것이 큰 장점이며 유럽을 비롯한 외국에서는 올해의 바운서 톱3 안에 들 만큼 디자인과 안전성이 검증되었다. 사용하지 않을 때는 다리미판처럼 완전히 접어 보관하면 된다.

#나도 좀 숨 돌리자
#근데 이게 무슨 냄새?
#거기서 똥 쌌니?

바운서 종류 및 특징

종류	바운서	스윙	락커
구동 방식	수동	기계적 움직임	기계적 움직임, 수동
대표 제품	베이비뵨 바운서	브라이트스타트 하이브리드 스윙, 포맘스 락카루, 뉴나리프	피셔프라이스, 브라이트스타트 락인 더 파크
특징	스윙이나 락커에 비해 작고 가격이 저렴	진동, 소리 나는 기능 있음. 혼합 움직임. 부피가 큼	스윙에 비해 크기가 작음

한번은 6개월 된 서안이를 바운서에 앉혀둔 적이 있다. 정말 잠깐 설거지를 하고 돌아서려는 순간, '쿵!' 하며 아이가 앞으로 고꾸라졌다. '혼자 앉을 수 있는 아이는 벨트를 꼭 착용해주세요'라는 안내를 따르지 않은 탓이었다. 바운서 사용 시 주의사항은 반드시 읽고 따르자. 이 사고는 자칫 큰 사고로 이어질 뻔한 명백한 나의 실수였다. 아이가 벨트를 거부하거나 바쁘다는 핑계로 나처럼 벨트 없이 앉혔다가는 봉변을 당할 수 있다.

미용실 갈 걱정 없는 셀프 이발기

여아 키우는 재미

남아 키우는 재미

지안이는 14개월까지 가정 보육을 했다. 그때 육아가 너무 힘들어서 "내 인생에 둘째는 없다!"라며 임신한 친구들에게 육아용품과 아이 옷을 몽땅 줘버렸다. 그런데 어이없게도 2주 뒤에 둘째를 임신했다는 사실을 알게 되었다. 세상에 마상에. 이제야 지안이를 어린이집에 보내며 육아가 한결 수월해졌는데 신생아 육아를 또 해야 하다니. 거짓말 하나 안 보태고 다시 아기를 키울 용기와 마음이 생기지 않았다.

'이 아이를 낳아도 좋은 날이 있지 않을까?' 하고 생각한 것

은 성별을 알게 되었을 때부터였다. 여자아이라면 육아가 조금이나마 수월할 것 같고, 지안이에게 동성의 동생이 생기면 둘이 잘 지낼 것 같아 딸을 염두에 두었으면서도 내심 이번에는 남자아이를 낳고 싶었다. 시댁에서도 좋아하고, 8대 독자를 어렵게 낳은 친정엄마도 기뻐하실 것 같았다. 둘째는 남자였다.

남자아이를 낳고 나니 사람들이 왜 성별대로 한 명씩 다 키워보라고 하는지 알 것 같았다. 신생아 때부터 어쩜 이리 다른지. 여자 아기는 안았을 때 야들야들 보들보들한 느낌이라면, 남자 아기는 묵직하고 단단하다. 아기 옷 사는 것도 육아의 소소한 재미인데, 남자 아기 옷은 예쁜지도 잘 모르겠고, 개중에 산 옷도 얼굴에 잘 받지 않았다. 완전히 다른 육아의 세계였다.

특히 기저귀를 갈아줄 때 차이가 확연했다. 남아는 보통 소변이 기저귀로 바로 흡수되어 여아처럼 물티슈로 매번 닦아줄 필요가 없었다. 처음에는 기저귀를 갈거나 씻기는 것도 조심스러웠고, 성기를 볼 때마다 새삼스럽게 놀라곤 했다. 산후조리원에 들어간 첫날, 기저귀의 소변 표시줄을 확인하고는 '나는 이제 둘째 엄마니까 자연스럽고 능숙하게 내가 직접 갈아주고 신생아실로 보내야지' 하고 기저귀를 열었다. 아직도 그 순간 만났던 소변 분수(?)를 잊지 못한다. 여자 아기만 키워본 남편과 나는 작은 분수가 여러 번 오르락내리락하며 옷도 적시고,

속싸개도 적시고, 침대마저 다 적실 때까지 "어떡해!"라며 한참을 허둥대다가 결국 아기를 신생아실로 보내버렸다. 다행히도 그 이후로는 그런 일이 흔하게 생기지는 않았고 늘 기저귀를 얼른 덮어 사고를 방지했다. 어떤 지인은 아들 키우면 소변 한 번쯤 다 먹어본다고 말하기도 했다.

그런데 이런 당황스러운 일을 막아주는 물건이 있다. 고깔모자 모양의 작은 덮개로, 이름하여 '고추 가리개'인데 기저귀를 갈아줄 때 덮어놓으면 물벼락을 방지할 수 있다고 한다. 실제로 쓰기에는 방수 요가 훨씬 유용하지만 태교로 고추 가리개를 직접 만들거나 재미 삼아 선물하기에는 좋은 것 같다.

이발기 하나로 육아 자존감 높이기

나는 여자로만 살아봐서 그런지, 은연중에 남자들은 머리가 천천히 자랄 거라고 믿어왔다. 그래서 미용실에 방문하는 주기도 길 것이라고 생각했다. 하지만 머리카락이 자라는 속도는 성별에 상관없이 똑같으며 오히려 남자아이는 헤어스타일 때문에 더 자주 잘라줘야 한다는 걸 둘째를 낳고 나

서 알았다. 남자아이를 키워보니 남자 헤어 스타일에도 관심이 생겼다. 남자는 '머리 빨'이라 하지 않던가.

우리 집 아이들은 나를 닮아서 머리숱이 정말 많다. 얼마나 많냐면 둘 다 태어날 때부터 머리가 새까만 상태였다. 어떤 아기는 돌이 되도록 머리카락이 거의 자라지 않는다는데 지안이는 머리숱이 많아서 배냇머리를 깎아주지도 않았다. 서안이 역시 머리숱이 많아서 6개월 즈음에는 머리가 힘 있게 하늘을 향해 솟아올랐다.

지안이와 달리 서안이는 직모였고, 그래서 그런지 머리가 길어 덥수룩해지는 게 눈에 유난히 거슬렸다. 그러던 어느 날 인스타그램에서 서안이 또래 아기 엄마가 아기 머리를 직접 이발해주는 영상을 보았다. 댓글로 어떻게 잘랐냐고 물었더니 '유아 이발기'를 사용했다는 답변을 받았다. 아기의 잘린 배냇머리가 곧바로 기계에 흡입되는 진짜 '이발기'였다.

'유레카!' 당장 로켓 배송으로 주문해 바로 다음 날 서안이의 지저분하고 덥수룩한 머리를 밀어주었다. 쓰면 쓸수록 어린아이를 돌보는 양육자를 위한 필수템이라는 생각이 들었다. 이 이발기만 있으면 돈도 절약할 수 있다. 보통 미용실에서 앞머리 커트만 해도 5,000원인데 몇 번 자르면 완성되는(?) 이발비는 왠지 비싸게 느껴졌다. 미용실 의자에 앉자마자 울음을 터뜨리는 아기를 보면서 나 좋자고 이 고생을 시키는 건 아닌지 걱정도 되었다. 그런데 유아 이발기만 있으면 아기와 양육자 모두 편안하게 돈 들이지 않고 머리를 자를 수 있다.

단점 아닌 단점이라면 전문 미용사의 손기술이 아니어서 머리가 들쭉날쭉해질 수 있다는 것이다. 남자 머리 깎기 첫 도전은 좌충우돌로 막을 내렸지만 이날부로 나는 '엄마 미용사', 서안이는 '남자' 아기로 거듭났다.

유아 이발기가 일반 이발기와 다른 점은 아기가 놀라거나 무서워하지 않도록 자극과 진동이 덜하다는 점이다. 지금까지 머리를 정리해줄 때마다 시안이는 조금 당황하고 긴장하긴 해도 울진 않았다. 아기용이라고 해서 절삭력이 나쁜 편도 아니다. 동봉된 길이별 빗살 캡을 함께 사용하면 너무 바짝 밀어서 실패할 확률이 줄어든다. '미용 가운(커트 보)'도 함께 구매하면 머리카락이 바닥에 떨어지지 않아 뒤처리가 한결 수월하다. 청각이 예민한 아이라면 무소음 이발기(소리가 약간 나긴 함)를 검색해보자. 몇 가지 상품 가운데 가이드 빗 포함된 제품이 머리를 편하게 자를 수 있어서 좋다.

나는 손재주 좋기로 유명한 사람들이 모인다는 디자인을 전공했다. 그러나 나는 손재주가 없어서 컴퓨터로 작업하는 시각 디자인을 선택했다. 그래도 이발기는 무리 없이 잘 쓴다. 이발

을 하고 훤해진 아기 얼굴을 보면 그렇게 뿌듯할 수가 없다. 심지어 재미도 있어서 이리 깎고 저리 깎고 다듬어도 주고 다음번에는 더 멋지게 자르겠다는 의지가 불끈 생긴다. 만약 나처럼 손재주가 없어서 실패할까 걱정된다면 남편에게 시켜라. 의외로 더 훌륭한 결과물을 내기도 한다. 남자들은 두어 달에 한 번 미용실에 가므로 여자보다 커트 기술을 훨씬 많이 알고 있다. 우리에게는 '예술가의 혼'이 있다. 여러 번 깎다 보면 가위손처럼 머리 깎기에 심취한 나를 발견할 것이다.

이발기가 두려운 사람에게는 머리를 빗겨주면서 자를 수 있는 '유아용 헤어 클리퍼'를 추천한다. 전기를 사용하지 않는 빗 모양의 단순한 디자인으로 '휴대용 어린이 헤어 클리퍼'를 검색하면 직구 제품을 찾을 수 있다.

서안이의 머리를 다 깎고 난 뒤 어린이가 된 듯이 멀끔하게 분위기가 달라진 모습을 사진으로 찍어 양가 부모님께 보냈다. 머리 깎으니 잘생겼다고 어찌 그리 잘 깎았냐며 한동안 난리가 났다. 그런데 결코 내가 잘 깎은 게 아니다. 이발기가 다했다. 사실 자세히 보면 상당히 어설프다. 그래도 남자 아기 부모라면 꼭 이 제품을 사서 직접 이발시켜주라고 권하고 싶다. 아이도 시원해지고, 엄마도 뿌듯해지는 의외의 물건이다. 길어진 손톱을 보면서 '아기가 무럭무럭 크고 있구나' 하고 느끼듯 육아에 지친 어느 날 길어진 아기의 머리를 보면서 보람도 함께 느끼길 바란다.

#미안하다(품)

#내가 잘못했다(푸흡)

#사진 찍어 영구 박제

응아 냄새 덮어주는 향기로운 쓰레기통

엄마도 참을 수 없는
우리 아기 똥 냄새

"아기 똥은 냄새가 좋아?" 조카들을 본 적이 없는 미국에 사는 여동생이 영상통화 중에 물었다. 한 번쯤은 아기 똥 냄새가 구수하고 향기롭다고 이야기를 들어본 적 있지 않은가? 그래서 그 말이 진짜인지 궁금했던 모양이다. 가슴에 손을 얹고 거짓말 하나 안 보태고 말하자면 그건 아니다.

아이들을 사랑하지만 냄새가 나는 것을 안 난다고 할 순 없다. 다른 사람에게 똥 기저귀를 들이밀며 "향기롭지? 구수하지?"라고 할 수도 없다. 그러니까… 아기 똥도 똥이라서 냄새가 난다. 다만 분유만 먹는 아기의 응가는 (거짓말 30퍼센트만 보태면) 정말 구수하다. 아기들 응가가 성인처럼 지독한 냄새로 바뀌는 때는 보통 이유식을 먹기 시작하면서부터다. 이것은 동물성 단백질이 소화되는 과정에서 대장 내 세균이 바뀌어 나타나는 자연스러운 현상이라고 한다. 그래서 아기가 돌이 지나고 어른 음식을 같이 먹기 시작하면 집 안에 똥 기저귀 냄새가 진동한다. 이때 필요한 게 기저귀 쓰레기통이다.

집에 쓰레기통이 많아서 필요 없다고? 아니다! 기저귀 쓰레기통은 다르다. 아기를 낳으면 기존에 쓰던 쓰레기통은 창고에 잠시 넣어두고 기저귀용 쓰레기통을 2개를 구매하기 바란다. 나는 쓰레기통에 비닐봉지를 바꿔 끼우기 귀찮아서 아기가 없을 때부터 연속 봉투 쓰레기통인 '매직캔'을 써왔는데 이 쓰레기통, 아기가 있다면 필수다.

매직캔을 기저귀용으로 쓰려면 25리터 이상의 모델을 추천한다. 기저귀는 은근히 부피가 커서 생각보다 한 통이 금방 차기 때문에 최소 25리터는 되어야 쓰기 편하다. 하지만 냄새에 민감하고 부지런하다면 작은 용량의 제품도 괜찮다. 이 쓰레기통은 기저귀가 가득 차 있어도 뚜껑을 열 때 외에는 냄새가 거의 나지 않는다. 가끔 봉투를 갈아줄 때가 임박하면 그 근처만 지나가도 응가 냄새가 나긴 하지만 말이다.

이 쓰레기통의 편리한 점은 따로 있다. 연속으로 붙어 있는 '리필 봉투'다. 일반 쓰레기통은 매번 비닐봉지를 갈아 끼우거나 씻어야 하지만, 이 쓰레기통은 쓰레기통 몸체에 붙은 칼로 쓰레기봉지(리필 봉투)를 끊어서 밀봉하면 그만이기에 손 하나 더럽히지 않는다. 쓰레기를 못 만지고, 쓰레기통 비우기를 귀찮아하는 나 같은 사람에게 꼭 필요한 물건이다. 다만 나는 이 리필 봉투가 환경에 좋지 않을 것 같아서 생분해 봉투를 따로 구매해서 쓰고 있다. 아이들이 살아갈 미래 환경을 위해 쓰레기통 제조사에서도 생분해 봉투를 판매해주었으면 하는 바람이다.

쓰레기를 비우기 위해 속 뚜껑을 열어 묶어주는 동작마저 귀찮다면? 지금도 편하지만 더 격렬하게 편하고 싶다면 매직캔의 '히포2 시리즈'를 구매해보자. 기존 버전은 쓰레기 봉투를 묶는 부분이 5센티미터가 넘어서 아까웠다. 매직캔 히포2는 연속 봉투를 끊어냄과 동시에 테이프로 붙여 밀봉하는 기능이 있다. '이지캔'에서는 묶는 동작을 더 간단히 하기 위해 '캐치락'이라는 제품을 만들었는데 매직캔보다 디자인은 좀 떨어지지만 휴지통 앞면에 튀어나온 끈을 당기면 쓰레기봉지가 매듭지어진다. 이 역시 묶는 동작이 쉽고 봉투를 꽉꽉 채워 쓸 수 있어 기존의 매직캔 사용자더라도 좀 더 쉽게 쓰레기통을 비우고 싶다면 구매를 고려해봐도 좋을 아이템이다.

기저귀용 쓰레기통을 써보면 이전의 쓰레기통으로는 되돌아갈 수 없다. 아기 키우는 집은 아기가 잘 자도록 휴대폰도 무음으로 하고, 초인종을 누르지 말아달라는 안내문을 쓰기도 하고, 걸을 때도 까치발을 하고 다닌다. 그런데 쓰레기통 뚜껑이 '철컹' 하고 닫히는 소리가 난다면? 심장이 '철렁' 내려앉을 것이다. 캐치락은 뚜껑이 천천히 닫히는 구조라서 소음이 전혀 없기에 안심이다.

한 가지 단점이 있다면 완벽히 냄새를 차단하기 위해 만들어진 '속 뚜껑'이다. 발로 눌러 겉 뚜껑을 연 다음 손으로 속 뚜껑을 밀어 쓰레기를 넣어야 하는데 처음에는 이게 참 번거로웠다. 종종 이 뚜껑이 더러워져 손으로 건드리기 싫을 때면 속 뚜껑이 저절로 열리도록 기저귀를 세게 던지며 스트레스를 풀기도 했다. '매직캔'의 '히포', '슈너글'의 '원터치 기저귀 휴지통'은 속 뚜껑을 눌러 여는 번거로움이 없다.

센서가 있어 자동으로 뚜껑이 열리는 휴지통은 아이가 만져서 쓰레기를 헤집어놓을 수 있으니 오래 사용하고 싶다면 일반 페달식 휴지통을 사용하는 편이 낫다.

기저귀 쓰레기통 분류

제품명	용량	종량제 호환	특징
매직캔 히포	21L, 27L	불가능	겉 뚜껑, 속 뚜껑이 함께 열리는 기능
이지캔	20L, 27L	가능	많은 양의 쓰레기를 연속으로 담을 수 있는 버튼
블리바 항균 디자인 휴지통	20L	가능	많은 양의 쓰레기를 연속으로 담을 수 있는 버튼. 연속 봉투 아님
슈너글 원터치 휴지통	20L	가능	속 뚜껑을 눌러 열지 않아도 됨

#기저귀 응가 냄새

#여름이면 더 지독해집니다

살림 도와주는 이모님, 식세기&건조기

식세기 이모님, 설거지를 부탁해요

아이 한 명을 키우다가 둘이 되면 2배가 아니라 제곱이 되어 4배가 힘들다고 한다. 그래서 둘째를 가졌다는 사실을 알게 된 뒤 가장 먼저 헬스장을 등록했다. 하나 키우기도 벅차서 징징거렸는데 둘을 봐야 한다니. 애 둘 키울 체력을 만들기 위한 결정이었다. 그리고 아이 두 명의 양육은 내 능력 밖의 일이니 더는 오기 부리지 않고 시댁의 손을 빌리는 것은 물론, 제2의 이모님이라는 '식기 세척기'까지 들이기로 했다.

둘째가 생겼을 때 추가할 육아 필수품이 몇 가지 있지만 꼭 추천하고 싶은 것은 바로 식기 세척기다. 식기 세척기 초기 모

델을 써본 친정엄마는 식기 세척기가 시간만 오래 걸리고 성능은 별로라며 손 설거지를 선호하셨다. 하지만 구형 식기 세척기는 잊어라! 10년이면 강산도 변하고 식기 세척기도 변한다.

식기 세척기 세제로 유명한 '프로그'를 사용하니 웬만한 기름때는 애벌 설거지 없이도 뽀득뽀득하게 잘 닦인다. 식기 세척기 린스까지 넣으면 그릇에서 반짝반짝 광이 난다. 하지만 아직도 시간 단축은 개선되지 않아서 한 번 가동하면 약 2시간은 걸린다. 그런데도 신기하게 물 사용량은 손 설거지에 비해 10분의 1이라고 한다. 아이들을 키우며 환경 문제에 관심이 많아졌는데 내 손목 아끼자고 물 낭비하는 게 아니라 다행이었다.

첫째 출산 후에는 산후도우미가 아기 돌보기와 집안일을 도와줘도 손목이 아팠다. 처음에는 몸이 회복되지 않은 상태에서 아기를 많이 안아서 그런가 했다. 그런데 둘째 출산 후 식기 세척기를 썼더니 손목이 한 번도 아프지 않았다. 제조사에서 실시한 실험에 따르면 식기 세척기를 사용한 사람은 손목 관절 회전량이 손 설거지에 비해 약 7분의 1이나 감소했다고 한다. 내 손목이 아팠던 이유는 설거지 때문이었다.

게다가 육아에서는 '시간이 금'이다. 아이들이 놀아달라며 껌딱지처럼 붙어 있는 게 귀찮을 때마다 떠올리는 말이 있다. 딱 10년만 지나면 아이들은 우리를 찾지 않을 거라고. 그때는 부모보다 친구를 더 좋아하고, 연예인을 따라 다닐 것이니 지금 많이 놀아주라는 말이다. 둘째를 낳아보니 더욱 그렇다. 아침부터 잠들 때까지 정신없이 뒷바라지를 하다 보면 하루가 너무 빠르게 지나간다. 오죽하면 둘째가 200일이 될 때까지 집에서 사진 한 장 못 찍어주었다. 잠 못 자 죽을 것 같이 힘든 신생아 시기가 눈 깜짝할 새에 지나가버린 것이다.

그래서 사야 한다. 식기 세척기는 선뜻 지르기에 부담스러운 고가의 가전제품이지만 이제는 세탁기처럼 필수품이 되었다. 저녁 8시나 되어야 퇴근하는 남편과 저녁 식사를 마치면 우리는 설거지를 하지 않는다. 무조건 식기 세척기 이모님에게 맡기고 손 설거지를 하던 시간에 아이와 함께 놀아준다. 그렇게 아이와 한 시간 정도 열심히 놀아주고 나면 재울 준비를 해야 한다. 만약 우리 중 누군가가 설거지를 했다면? 부모와 놀고 싶은 첫째와 누워서 모빌만 보기엔 심심해진 둘째가 어땠을지는 상상에 맡긴다.

식기 세척기를 들이기 전에는 가장 먼저 자가 여부를 따져야 한다. 용량이 큰 식기 세척기는 보통 싱크대 하부장에 설치하는데 세입자라면 집주인의 허락이 필요하기 때문이다. 이때는 설치가 따로 필요 없는 6인용 식기 세척기를 써야 한다. 싱크대 위에 올려서 사용하는 '6인용 카운터 탑', 작은 미니 냉장

고처럼 주방 한 켠에 두고 쓰는 '프리스탠딩' 형태가 있다. 비설치여도 둘 다 공간을 꽤 차지한다는 점은 명심해야 한다.

빨래 건조는 건조기 이모님께 맡길게요

가을에 장만한 빨래 건조기는 계절을 잘못 판단한 탓에 큰 덕을 못 봤다. 건조기는 습한 여름철에 톡톡히 효과를 본다고 하는데 나는 건조대에 빨래를 널어 집 안의 습도를 높이는 편이 더 좋았다. 그나마 잘 써먹을 때는 이불 빨래를 할 때였다. 건조대에 널기 버거울 정도로 큰 이불이 건조기에 들어가면 바싹 말라서 나오니 이 점은 칭찬할 만했다.

맞다, 잊고 있었다. 신생아가 내놓는 빨랫거리는 세탁기를 매일 돌려도 계속 쌓인다는 걸. 게다가 크기는 어쩜 이리도 작은지 건조대에 너는 것조차 번거롭다. 빨래 건조대 하나로는 네 식구가 쓰기 버거워서 하나를 더 사자 거실이 꽉 차서 그렇게 답답할 수가 없었다. 게다가 아이들이 건드려 넘어질까 불안하기도 했다.

건조기가 가장 빛을 발한 때는 첫째가 배변 훈련을 시작하던 28개월 무렵이었다. 둘째 때문에 하루에 한 번씩만 팬티를 입히며 되도록 천천히 배변 훈련을 시키려고 했는데 첫째가 갑자기 기저귀를 안 입고 변기를 사용하겠다고 선언했다. 첫째 하원 후에 둘째까지 챙기느라 배변 훈련이 버거웠는데 스스로 해보겠다니 가만히 있을 수 없었다. 이후 약 3주간 애 둘을 돌보며 매일 소변이 묻은 팬티를 두세 벌씩 빨아야 했다. 어떤 날은 여벌 팬티가 없어서 손빨래를 했는데도 속옷이 모자랐다. 그럴 때면 건조기가 제 몫을 톡톡히 했다.

건조기를 적극적으로 활용했더니 뜻밖에도 남편의 표정이 좋아졌다. 남편은 후각이 예민해서 평소에 덜 마른 빨래 냄새를 귀신같이 잘 맡았다. 건조기를 사용하자 수건에서 걸레 냄새가 안 난다며 좋아했다. 다만 새것 같은 옷이 건조기에 들어가면 걸레같이 헤져 나온다는 게 가장 큰 흠이었다.

그래서 건조기를 꼭 사야 하느냐고 묻는다면 가정 환경에 따라 선택하자. 아이가 둘 있다고 해서 꼭 건조기가 필요한 것은 아니다. 빨래 주기를 늘리고 싶으면 옷을 여러 벌 사면 되고, 아이들이 빨래 건조대를 건드리는 게 싫으면 발코니에 널면 된다. 즉, 없으면 서운한 괜찮은 육아템이다.

#나 대신 일 해다오

#아니, 열심히 일 해주십시오

#이모님, 우리 평생 함께해요

유아차 대신
왜건&트라이크&보조 의자

유아차 거부하는

아이에게 주는 특효약

유아차를 타기엔 너무 커버린 아이. 이제 어디든 함께 걸어 다닐 수 있을 거라 생각했다면 큰 오산이다. 아이들은 대체로 오래 걷지 못하고 길거리에서 부모님 바짓가랑이를 잡고 징징거리며 업어달라고 떼를 쓴다. 그래서 아이가 웬만큼 커도 외출할 때 아이를 태울 이동 수단은 여전히 필요하다.

우리 부부는 체력이 좋지 않았고, 아이는 스스로 걸어야 한다는 육아 방침이 있어서 되도록 안거나 업어주지 않았기 때문에 우리 아이들은 잘 걷는 편이다. 그래서 꽤 오랜 기간 첫째는

걷고, 둘째만 유아차에 태워서 외출했다. 그러다가 큰아이가 오래 걷기 힘들어하면서 새로운 이동 수단을 고민하게 되었다. 2인용 유아차를 끌기에는 애매한 연령대가 되었다면 선택지는 크게 3가지가 있다. '유아용 왜건', '트라이크(휴대용 유아차)', '유아차 보조 의자'.

둘째가 13개월일 때 어떤 걸 사야 할지 고민을 하게 되었다. 아직 트라이크를 태우기에는 어려서 큰아이를 위한 보조 의자를 구매하려고 중고거래 사이트를 한참 뒤지다가 그냥 한꺼번에 둘을 싣고 짐까지 많이 넣을 수 있는 왜건을 중고로 구매했다. 유아차 호환 정품 보조 의자가 중고로 잘 나오지 않았던 탓도 있지만 왜건에 비해 심플한 보조 의자를 10만 원이나 주고 사는 게 아깝기도 했다. 그래서 상태 좋고 선택지도 많은 왜건을 택했다.

왜건에 커다란 낮잠 이불 2채와 아이들을 태워 어린이집에 가니 다들 신기한 눈으로 관심을 보였다. 결국 어린이집 친구 중 두 집이 바로 따라 구매하는 등 소소한 왜건 붐이 일기도 했다. 마트에 왜건을 끌고 가는 날이면 지나가는 사람들이 다들 한 번씩 쳐다보며 귀여워했다. 보기에는 좋았지만 실제로는 왜건을 개시하고 몇 달간 고생을 했다.

왜건은 좌석이 정해져 있는 게 아니라서 아이들은 왜건에 탈 때마다 자리싸움을 했다. 첫째는 다리를 못 편다며 발로 둘째를 밀었고, 둘째는 그런 누나를 때리거나 꼬집었다. 왜건은 함께 쓰는 공간이라 서로 양보해야 한다는 것을 배우는 데 거의 4달이 걸렸다(지금도 여전히 다투기는 한다). 두 번째 문제는 편안하지 않은 자세였다. 왜건에는 엉덩이와 등 위치에 쿠션이 없어서 편안한 승차감은 기대할 수 없다. 첫째는 걷기를 좋아해서 잠깐씩 탔지만 둘째는 덜컹거리는 곳을 지나갈 때면 힘들어했고, 웬만해서는 왜건에서 잠들지 않았다.

그럼에도 왜건을 추천하는 이유는 넓은 공간과 간편한 조작 때문이다. 보기에는 집채만 하지만 간단하게 접히고 생각보다 무겁지도 않다. 공간은 매우 커서 어린이집 등하원할 때 큰 도움이 되었다. 아이들 가방 2개와 낮잠 이불을 모두 실어도 유아차처럼 기우뚱한 느낌이 없다. 게다가 아이들 신발 싣는 공간과 양육자 물품을 싣는 기저귀 가방도 있어 편리하다.

유아차도 있어서 왜건처럼 부피가 큰 수단은 피하고 싶다? 그렇다면 '트라이크'를 추천한다. 왜건과 달리 2개를 구매해 아이를 따로 태울 수 있으면서 가볍다는 것이 장점이다. 요즘은 등받이가 있는 편안한 프리미엄 트라이크도 출시되어 앉은 채로 잠든 아이도 종종 본다. 개인적으로는 10만 원이 넘는 트라이크를 2개 구매하느니 짐도 편안하게 실리는 왜건을 추천하

고 싶다. 트라이크는 보통 아이가 하나일 때, 4세 이상에서 초등학생 미만 정도에 사용하면 적당하다.

유아차를 또 사야 하나?
지갑 걱정은 보조 의자로 극복!

왜건과 트라이크는 쇼핑센터에서 흔히 보이지만, 보조 의자는 무엇인지 모르는 사람이 있을 것이다. 보조 의자는 유아차 뒷부분 브레이크가 있는 뼈대에 고정하는 바퀴가 달린 작은 간이 의자다. 유아차에 태워야 하는 아기와 걸어 다니는 아이가 함께 있는 집에서 사용하면 딱이다. 유아차에 이 의자만 추가하면 되기 때문에 두 아이를 한 번에 데리고 다닐 수 있다는 점과 부피를 많이 차지하지 않는 게 장점이다. 다만 10만 원이 넘는 비싼 가격이 흠이다(지금은 보급형 제품도 많아져 가격 선택의 폭이 조금 넓어졌다). 그리고 둘째가 크면 유아차에 누가 타느냐로 싸움이 나겠지만, 그 외에는 유아차와 보조 의자 두 가지를 모두 가지고 다닐 수 있다는 점에서 꽤 괜찮은 선택지다.

보조 의자는 '베이비젠 요요'나 '부가부' 같은 곳에서 자체 브랜드 제품에 맞춰 제작하는 경우도 있고 범용으로 치수 조절이 가능한 형태도 출시돼 있는데, 브랜드 제품을 사용하는 것이 미관이나 안전 면에서 좋다.

혹자는 아이들을 안아줄 수 있는 시기가 짧으니 최대한 많이 안고 업으며 키워야 한다고 주장한다. 맞는 말이다. 언젠간 아이들은 안기기보다 스스로 걷는 것을 좋아하게 될 것이다. 그렇게 되더라도 보조 이동 수단을 하나는 구비하자. 4살 정도 되면 유아차에 태우고 다니는 것도, 안고 다니는 것도 민망하다. 아기 티를 벗고 스스로 신나게 걸으며 세상을 탐색할 때 비축해둔 체력을 써서 아이와 더 멀리 함께 가보자.

#잡동사니 다 들어감

#리어카가 따로 없네

#자율주행 기능 필요함

육아가 업그레이드되는 기본템

13~36개월

성장 발달에 좋은

놀이템

오르락내리락 쉼 없이 타는 미끄럼틀&트램펄린

계절, 날씨 상관 없는

실내용 대근육 활동

아기는 돌이 되면 다 걷는 줄 알았다. 그런데 지안이는 외출을 많이 안 해서 그런지 대근육 발달이 느려서 돌 무렵에 무언가를 잡고 몇 걸음 정도만 아장아장 걸었다. 반면 남자아이는 확실히 대근육 발달이 빨랐다. 하지만 남녀를 불문하고 돌 즈음이 되면 아이들은 활동량이 많아지므로 성장에 맞는 놀잇감을 마련해주는 것이 좋다.

양가에서 첫 손주인 지안이는 돌 반지부터 내복까지 돌 선물을 다양하게 받았다. 그중에서 가장 좋았던 선물은 '실내용

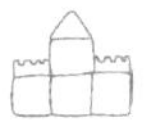

미끄럼틀'이었다. 선물을 받을 당시에는 거부감이 들었다. 신혼 때는 거실에 TV와 소파만 두고 살림을 했을 정도로 미니멀리스트였기 때문이다. 육아를 하면서 변해버린 상황이 불편했지만, 아이가 좋아할 모습을 상상하며 위안 삼았다. 그런데 갑자기 찾아온 팬데믹에 외출도 못하고, 집 앞 놀이터에 가기도 어려워지자 미끄럼틀은 진가를 발휘했다.

블록 놀이나 책 읽기를 하며 주로 앉아서 놀던 아이는 미끄럼틀을 들이고 나서 그 위를 오르락내리락하며 노는 시간이 많아졌다. 위험해 보일 때도 있었지만 대근육을 많이 써서 그런지 다리에 힘이 많이 생겨 잘 넘어지지 않았다. 시간이 지나자 미끄럼틀 계단에 앉아 간식을 먹기도 하고, 경사면에 인형을 태워보는 등 다양한 방식으로 미끄럼틀을 이용했다. 아이가 장난감을 좋아하고 오래 가지고 논다는 것은 양육자의 자유시간이 늘어난다는 소리이니 무척 좋은 선물이었다.

알고 보면 미끄럼틀은 가성비도 좋다. 부피가 커서 비싸리라 생각했지만 실제로는 받아도 부담스럽지 않은 적당한 가격대가 많다. 원래 선물은 작고 예쁘거나 큰 것이 좋은 법. 평소 선물이란 선물해준 사람이 두고두고 기억날 만큼 유용한 물건이어야 한다고 생각했는데 우리 부부는 미끄럼틀을 볼 때마다 이 선물을 준 남편 친구네 부부에게 감사한 마음이었다.

#빠른 육퇴를 만드는

#대근육 활동

#7시에 자서 늦게 일어나렴

대근육 발달을 위한 교구도 있습니다

바깥 활동처럼 즐거운 시간을 만들어주는 실내 놀잇감을 몇 가지 더 소개하자면, 고전 아이템인 '흔들말(요즘은 스프링카로도 나온다)'이 제일 먼저 손꼽힌다. 지안이도 세 돌이 될 때까지 흔들말을 타고 놀았는데 둘째와 함께 매달리는 걸 보고 위험하다 싶어 중고로 처분했다. 하지만 미끄럼틀과 마찬가지로 제대로 뽕 뽑은(?) 가성비템이었다.

외국 어린이들 사이에서 인기가 높은 신체 놀이 교구인 '밸런스 보드', '피클러 아치', '클라이밍 트라이앵글', '스타펠슈타인Stapelstein'도 있다. 밸런스 보드는 U 모양으로 휘어진 나무 판에 올라서서 균형을 잡으며 코어 근육을 단련하는 교구다. 엎어놓고 미끄럼틀처럼 쓰기도 하는데, 아이가 이것을 좋아한다면 활용도가 더 높은 피클러 아치도 추천한다. 이것은 아치형 사다리처럼 생겨서 엎어놓고 건너가거나 흔들말이나 시소처럼 타고 흔들면서 놀 수도 있다. 넘어져도 다치지 않을 부드러운 소재를 찾는다면 '베베킷 플레이 쿠션'을 추천한다. 무지개 원목 교구를 쿠션으로 만든 놀잇감으로 활용도가 좋다. 다만 예약 판매로 진행하기 때문에 구매 정보를 얻고 싶다면 베베킷 인스타그램을 팔로워해야 한다. 스타펠슈타인은 독일에서 만든 무독성 친환경 소재의 스태킹 스톤(돌 모양 블록)이다. 교구를 늘어 놓고 징검다리처럼 건너다닐 수도 있고, 뒤집어서 움푹한 내부에 쏙 앉기도 하며, 알록달록한 색을 보며 색상을 인지하는 등 다양하게 활용할 수 있다. 가격이 부담스럽다면 국내 브랜드인 '까사 드로잉casa drawing'의 '스텝핑 스톤'을 먼저 구매해 아이가 좋아하는지 알아보는 것도 좋다.

한국에서는 대부분 아파트와 같은 다가구 주택에 살기 때문에 신체활동 놀잇감을 제한해서 써야 한다. 그래도 대근육 발달을 돕는 실내 놀잇감들이 국내에도 다양하게 소개되고 있다는 것은 발달 과정에 맞는 놀이를 제공해야 한다는 인식이 생긴 덕분 아닐까.

어른은 방방이
아이는 트램펄린

어느 날 여느 때처럼 주말에 육아를 도와주러 오신 친정 부모님이 에너지가 넘치는 첫째 지안이에게 '트램펄린trampolin'을 사주셨다. 나의 위시 리스트에 넣어두고 살까 말까 백번 고민하던 아이템이었는데 말 나온 김에 결제하신 것이다.

그것도 아이가 둘이니까 큼지막한 2~3인용으로!

내가 트램펄린을 살까 말까 고민한 이유는 위험해서였다. 예전에 〈동아일보〉에 트램펄린 사용 시 주의사항에 대한 육아 만화를 그렸기에 더 잘 알고 있었다. 하지만 막상 집에 들일 때는 회원가입 시 약관을 흘려 읽듯 크게 신경 쓰지 않았다. 그런데 어떤 일이든 나에게 일어나면 100퍼센트의 확률이라고 하지 않던가. 트램펄린을 설치한 뒤 몇 주 지나지 않아 외할아버지의 손을 잡고 그 위를 신나게 뛰던 지안이가 갑자기 다리가 아프다고 울기 시작했다. 한번 걸어보라고 했더니 "못 걷겠어, 아파!"라며 주저앉는 것을 보고 큰일 났구나 싶었다. 급히 택시를 불러 응급실에 갔더니 코로나19 때문에 6시간을 기다려야 했고, 결국 다급하게 근처 다른 병원으로 가서 겨우 엑스레이를 찍었다. 결과가 나오기까지 꼬박 3시간을 기다리는 동안 아이는 울음을 멈추고 다시 걸었다. 아무 이상이 없다는 의사 소견까지 듣고 난 뒤에야 트램펄린 소동은 끝이 났다.

트램펄린에 관한 추억이 없는 부모가 어디 있을까. 남편은 교회 근처에서 '방방이'를 타는 친구들과 어울리다가 교회에 다니기 시작했다고 이야기하곤 했다. 트램펄린, 어른이 되어서 뛰어보니 예전처럼 여전히 신난다. 마음은 그대로인데 몸만 큰 기분이다.

남녀노소 모두에게 신나는 이 놀이기구는 과연 안전할까? 예상했겠지만 트램펄린 역시 소아청소년과 의사들은 사용을 권하지 않는다. 가능하면 태우지 않는 것이 좋지만, 이미 있거나 살 계획이라면 다음 3가지 주의사항을 명심하자. 첫 번째, 6세 이하의 어린이는 태우지 말 것. 아이가 어릴수록 트램펄린 사고가 잘 일어난다. 두 번째, 트램펄린에 여럿이 올라가지 않을 것. 트램펄린 사고의 75퍼센트는 2명 이상이 동시에 올라갈 때 일어난다고 한다. 세 번째, 골절 사고를 주의할 것. 트램펄린 사고의 30퍼센트는 골절이며 그 외에 염좌, 탈구, 열상, 멍이 드는 등의 사고도 자주 일어난다.

아이가 6세 이하인 집에 트램펄린을 들였다면 어떻게 해야 할까. 우선 거실처럼 양육자가 볼 수 있는 곳에 설치하고, 양육자 감독하에 시간을 제한해서 태운다. 트램펄린 위에서 묘기를 부리는 등의 장난은 절대 금물이다. 성인도 마찬가지다. 네이버웹툰 「닥터 앤 닥터 육아일기」의 작가 닥터베르는 아이를 위해 구매한 대형 트램펄린에서 공중 2회전 점프를 시도하다가 척추 골절 사고를 당하는 바람에 몇 개월간 누워 지내다가 천만다행으로 회복했다고 한다.

아이들이 사용하는 실내용 트램펄린은 다음과 같은 조건을 갖춘 상품으로 구매해야 한다. 첫 번째, 천이나 그물로 된 가드

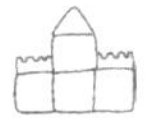

가 있을 것. 가드가 없으면 아이가 튕겨 나가거나 떨어질 수 있다. 두 번째, 스프링에 아이의 신체가 끼지 않도록 밴드 형식으로 만들어졌는지 확인할 것. 세 번째 트램펄린 지지대(다리)가 짧을 것.

올바른 사용법을 따른다면 트램펄린의 장점을 충분히 누릴 수 있다. 아이들은 트램펄린에서 뛰면서 몸의 균형과 조정 능력을 배우고, 심혈관이 발달하며 스트레스 및 좌절감을 해소할 수 있다. 트램펄린 하나로 아무 문제 없이 즐거운 시간을 보낼 수 있게 주의를 기울이자.

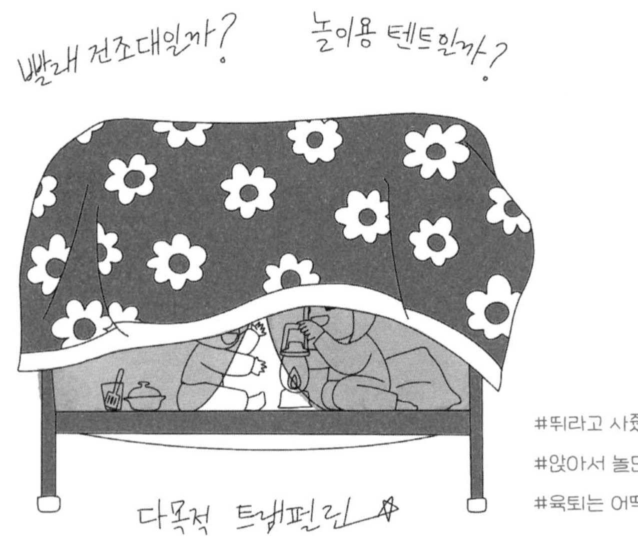

#뛰라고 사줬는데
#앉아서 놀면
#육퇴는 어떡해?

역할 놀이 끝판왕,
시장&주방 장난감

엄마도 골라, 아빠도 골라!

역할 놀이의 시작과 끝은 시장&주방 놀이

아이랑 온종일 놀아주는 게 이렇게 힘든지 아이를 낳기 전에는 꿈에도 몰랐다. 원래 저질 체력인 탓도 있지만 한 시간 동안 흥미진진하게 아이의 질문이나 반응에 대꾸해주며 책을 읽고 나면 한동안은 입도 벌리고 싶지 않다. 그렇다고 책을 안 읽어주면 그림을 그리거나 몸으로 놀아줘야 하는데 이런 놀이는 당연히 더 지친다. 그래서 아무리 열정이 넘치는 엄마라도 아이가 돌 즈음이 되면 육아 의욕을 상실한다. 하지만 신은 내가 감당할 만큼의 시련만 주신다고 하지 않았던가. 그

때부터는 새로운 육아 기술을 사용해서 놀아줄 수 있다. 그것은 바로 입으로 놀아주기!

빠르면 18개월 즈음부터 아이는 간단한 심부름을 할 수 있다. 아이의 흥미 포인트를 알고 반응만 잘해준다면 누워서도 놀아줄 수 있다. 책을 넘기는 동작조차 필요 없는 새로운 놀이, 입으로 놀아주기의 끝판왕, '시장 놀이' 시대가 열렸다.

시장 놀이란 아이에게 시장에 가서 식재료를 사 오라고 시킨 다음 그 물건들로 요리하고 먹는 놀이다. 보통 이런 식이다. "지안아, 슈퍼마켓 가서 딸기랑 우유랑 빵 사 와."라고 심부름을 시킨다. 보통 2가지 이상의 명령은 24개월이 되어야 가능하지만 나는 전혀 개의치 않았다. 그러면 지안이는 항상 한두 가지를 빼놓고 가져온다. 그걸 보고 "지안아 우유 안 사 왔잖아~. 우유도 사 오자."라고 다시 주문한다. 그러면 아이는 짜증 한 번 내지 않고 '아, 그러네. 다시 가야겠다'라는 표정으로 열심히 뛰어가서 우유를 가져온다. 심부름을 마친 아이에게는 또 다른 임무를 줘야 한다. "지안이가 슈퍼에서 사 온 거로 딸기 빵 만들어줘. 엄마 배고파." 엄마의 진심 어린 연기를 보고 나면 지안이는 또 '엄마를 위해 딸기 빵을 만들어야지!' 하는 표정으로 열심히 요리를 한다.

이런 역할 놀이가 되려면 일단 주방 도구와 접시, 그릇이 포함된 소꿉놀이 장난감, 음식 모형 등이 필요하다. 나는 여자아이를 낳으면 꼭 주방 놀이 장난감을 사주고 싶었다. 위시 리스트 1순위인 이 장난감을 사려고 3일 내내 밤늦게까지 웹서핑을 하며 온갖 브랜드를 하나하나 비교해봤다.

내가 원하는 주방 놀이의 기준은 4가지였다. 첫 번째, 원목이어야 할 것. 두 번째 쪼개지는 음식 모형이 포함되어 있을 것. 세 번째, 과일, 채소, 고기, 생선 등 다양한 종류여야 할 것. 네 번째, 인테리어와 어울리는 디자인일 것. 이 모든 조건을 충족시키는 제품은 '에이치비카펜트리HBCarpentry'의 '빅키즈 마켓'이었다. 이 제품에는 주방 가전이 미포함이므로 주방 놀이보다는 시장 놀이에 가깝다. 소꿉놀이에 필요한 주방 도구와 식기는 따로 구매하면 된다.

언어 발달도 책임지는
재미 보장 주방 놀이

빅키즈 마켓의 장점은 안 되는 음식이 없다는 것이다(여전히 주방은 없지만). 아이가 말을 배울 때도 음식 모형을 들고 "지안아 이게 사과야. 사-아-과! 이건 뭐게? 당근!" 하고

보여주며 놀았다. 그러면 아이는 재료를 그림으로 보는 것보다 훨씬 재미있어 했다. 말이 늘어 과일 이름을 거의 다 익히고 나서는 책을 읽다 사과가 나오면 사과 모형을 들고 와서 우리에게 보여주며 뿌듯해했다. 수 개념을 알려주는 그림책에서 "맛있는 귤 하나, 다람쥐가 보고는, 한입만!" 하고 "아기 한입, 다람쥐 한입. 아이, 귤 맛있어." 하는 이야기가 나오면 반으로 갈라지는 모형 귤을 쪼개며 놀기도 했다. 두 돌이 된 지안이는 이제 시장에 가서 여러 가지 물건을 한꺼번에 사 오고, 쟁반에 숟가락, 포크를 챙겨서 상까지 차려준다.

지안이의 시장 놀이 장난감으로는 음식 모형을 나무 트레이에 종류별로 담아 분류하는 놀이도 가능했다. 채소는 채소끼리, 과일은 과일끼리 항상 종류에 맞게 정리해두니 과일, 채소, 생선, 육류를 나누는 법도 금세 배웠다.

공간이 허락한다면 주방 놀이까지 들여 완벽하게 풀세트로 갖추면 좋겠지만 하나만 들여야 한다면 고민이 필요하다. 여러 음식 재료를 탐구하며 사고파는 역할 놀이를 하고 싶다면 시장 놀이 장난감을, 주방이라는 공간과 요리하는 역할 놀이에 집중하고 싶다면 주방 놀이 장난감을 들이고 음식 재료와 식기구를 따로 구매하자. 주방 놀이 장난감에는 수납공간이 많은 냉장고, 하부장, 상부장이 포함되어 있어 아이들이 직접 자기 물건을 넣고 정리하기에도 좋다.

나는 하루빨리 둘째가 커서 둘이 함께 시장 놀이와 주방 놀이를 하며 조잘조잘 놀기를 기대한다. 2살 터울 남매를 키운 선배 엄마 말로는 막내가 최소 두 돌이 되면 남녀 취향이 달라져서 다른 놀이는 같이하지 않아도 시장 놀이, 주방 놀이만큼은 싸우지 않고 같이 잘 논다고 한다. 그때 되면 엄마랑 아빠 빼고 둘이 좀 놀아줄래?

주방 놀이나 시장 놀이 장난감은 크기와 디자인이 다양하고 양육자의 취향이 크게 반영되는 상품이다. 따라서 특징을 비교해서 사려면 시간이 오래 걸리므로 미리 예산을 짜고 그 안에서 결정하는 게 현명하다. 다음 표를 보고 추천 제품을 검색한 뒤 양육자의 취향에 맞는 상품을 선택하자. 일일이 검색하다 보면 예쁜 장난감에 푹 빠져서 틈날 때마다 검색하고 어느새 지갑을 열고 있는 자신을 발견할 것이다. 구경만 해도 즐거운 주방 놀이 육아템 아이 쇼핑 한번 다녀오시길!

주방 놀이 장난감 리스트

제품
이케아 둑티그 상부장, 하부장, 전자레인지, 싱크대가 있음. 커튼을 달거나 손잡이를 바꾸는 등 원하는 대로 리폼할 수 있음. 심플한 디자인이어서 호불호가 없는 상품
물 나오는 아기 싱크대 주방 도구가 포함된 구성이지만 가격이 저렴함. 수전을 돌리면 물이 나오기 때문에 소소한 물놀이까지 가능. 재구매를 넘어 다른 집도 강제 구매하게 만든 매력의 아이템
피에스타 우드 주방 놀이 스칸디 냄비와 프라이팬을 포함한 이케아 둑티그와 비슷한 구성. 구성품만으로 북유럽풍의 감성 주방 놀이를 할 수 있음. 조립이 힘드나 가성비가 좋아 인기가 높음
피에스타 우드 주방 놀이 슈크레 냄비, 프라이팬, 조리 도구, 양념통, 접시를 포함한 구성. 세탁기와 오븐이 있는 북유럽 감성의 주방
키앤비 물 나오는 테라피 주방놀이 소리 나는 후드, 전자레인지, 인덕션, 오븐, 물 나오는 싱크대가 있음. 가격 대비 디자인도 예쁘고 조립도 쉬운 편
스텝2 주방 놀이 디자인이 다양한 플라스틱 주방 놀이. 재질 특성상 관리가 쉽고 모서리가 둥글어 아이가 다칠 위험이 적으며 구성도 괜찮은 편
에이치비카펜트리 All New 그레이트 파머 주방 놀이 가격이 꽤 비싼 편. 전자레인지, 싱크대, 수전, 인덕션, 덕트, 아이스 메이커가 달린 냉장고까지 갖춘 고급 주방 놀이 세트. 수납공간이 많아서 아이 방 정리하는 데 좋으나 구성이 많고 목재가 무겁다는 평이 있음

시장 놀이 장난감 리스트

제품
앨리스플레이스 마트 놀이 진짜 마켓과 같은 어닝, 간판, 쇼윈도, 칠판, 진열대가 있음. 시장 놀이에 최적화된 상품으로 군더더기 없이 깔끔한 디자인. 간판에 불이 들어오는 게 이 제품만의 장점. 소품은 별도 구매
에이치비카펜트리 빅키즈 마켓 소스, 음료수, 육류, 어류, 채소, 과일 등 다양한 원목 소품 구성. 소품을 담는 나무 상자가 마감이 좋지 않고 합판이 얇으며 힘이 없음
피에스타 소꿉놀이 푸드트럭 마켓놀이 세트 옵션으로 식재료를 구매할 수 있는 구성. 푸드트럭처럼 바퀴가 달린 판매대와 DIY 화이트 보드 간판, 돈과 계산기가 들어 있음. 피에스타 플라워 마켓놀이 세트에는 자석 블록으로 가게 이름을 만들거나 놀 수 있는 간판과 입간판이 있음
토도리브로 모더닉 마켓놀이 옵션으로 식재료를 구매할 수 있는 구성. 실제 계산 방식과 같은 카드 계산기와 회전 한영 키오스크 메뉴판이 포함

주방 놀이, 시장 놀이 소품 리스트

제품
이케아 저렴하면서 고전적인 디자인의 역할 놀이 소품. 음식류는 주로 천으로 만들어져 있어 안전함. 그릇이나 컵, 냄비, 그리고 장난감 계산대를 많이 구매함
멜리사앤더그 미국의 손꼽히는 완구 브랜드에서 만든 소품을 판매하는 브랜드. 냉장 식품, 냉동 식품, 소스류, 샐러드, 캠핑 음식, 타코까지 없는 게 없음. 음료도 찰랑찰랑하게 만들어 실제로 주스가 들어 있는 것 같음
플레이맥스 주방 놀이 커피 머신, 믹서, 토스터, 블렌더가 소형가전처럼 움직여 아이들이 매우 좋아함. 가성비가 좋은 상품
라두가그레이즈 인스타 감성의 예쁜 원목 음식 모형이나 그릇 세트. 자연 고급 목재를 사용한 발도르프 장난감으로 과일과 채소 시리즈는 바닥에 툭 던져만 놓아도 그림이 됨

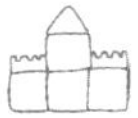

집중력 향상에 좋은 자석 블록

집중력 대장 만드는 자석 장난감

사실은 혼자 놀기 좋은 템

내게는 3살 어린 여동생과 10살 어린 남동생이 있다. 동생들과 함께했던 어린 시절을 회상하면 자주 싸우기도 했지만 즐거운 기억도 많다. 정확히 무엇을 하고 놀았는지 잘 기억나진 않는데 그 와중에 또렷하게 떠오르는 장난감이 하나 있다. 레고 듀플로처럼 큰 크기의 블록을 가지고 나와 여동생은 아주 어릴 때부터 초등학교에 들어갈 때까지 역할 놀이를 하며 재미있게 놀았다. 그 추억 때문인지 나는 늘 내 아이와 함께 블록 놀이를 하는 상상을 했다. 그런데 실제로 해보니 블록 놀이는 접합부를 정확히 맞물려 끼우고 눌러서 고정해야 하는 쉽지 않은 고도의 작업이었다.

유아 발달 단계를 고려하면 아이들은 15개월부터 돌기가 없는 블록 입방체(정육면체)를 겨우 2개 쌓아 올릴 수 있고, 30개월이 되면 9개를 쌓아 올린다고 한다. 그러니 암수가 있는 블록끼리 끼우고 쌓는 놀이를 하려면 적어도 세 돌 정도는 돼야 한다. 그런데 요즘은 3세 이하의 유아도 편하게 가지고 놀 수 있는 '자석 블록'이 있다.

자석 블록은 크게 두 가지 종류로 '맥포머스MAGFORMERS'처럼 테두리만 있는 형태의 '프레임형 자석 블록'과 면이 채워진 '자석 타일'이 있다. 자석 블록이라면 흔히 맥포머스를 선호하겠지만 해외에서는 자석 타일 제품도 인기가 많다. 그중 가장 유명한 제품은 '메가맥타일즈megamag tiles'와 '마그나 타일MAGNA-TILES'이다. 초기에는 이 제품을 구하기 어려웠지만 지금은 모두 쉽게 구할 수 있다.

자석 블록은 끼워 맞춰야 하는 블록과는 달리 잘 달라붙어 쌓기 편할 뿐만 아니라 콕 집어 말하기 어려울 정도로 장점이 수두룩하다. 어떤 자석 블록 장난감을 사줄지 고민된다면 다음 표를 참고해보자.

자석 블록 종류별 특징

종류	프레임형 자석 블록	자석 타일	큐브형 자석 블록
자력	강함	약함	약함
호환	자석 타일과 호환 불가	기본 치수는 타 브랜드와 호환 가능	타 브랜드 자석 큐브와 호환 불가
유의점	여러 개를 쌓을 시 자석의 극이 맞지 않음	호환은 가능하지만 자석 위치가 서로 달라 이격이 생김	없음
특징	강한 자성으로 2차원 평면 구성물을 3차원 입체 구조물로 만들 수 있음	투명 재질로 빛을 투과해 빛의 합성 가능 바닥 타일에 붙이면 타일을 세울 수 있음	함께 제공되는 영문, 숫자 스티커를 활용한 놀이 가능
대표 브랜드	맥포머스	마그나 타일, 메가맥타일즈	매직 큐브, 지오맥 큐브

우연히 해외 직구 편집숍을 보다가 자석 타일이 있다는 걸 알게 되고 궁금한 마음에 구매한 첫 자석 블록은 '피카소 타일'이었다. 피카소 타일도 해외 브랜드 중에는 꽤 인지도가 있는 편이지만 메가맥타일즈나 마그나 타일에 비해서는 자성이 떨어진다고 한다. 하지만 메가맥타일즈 모델을 추가로 사서 사용해보니 개인적으로는 자력의 차이를 크게 느낄 수 없었다. 다만 피카소 타일과 메가맥타일즈의 자석 위치가 서로 달라 끝부분이 어긋나게 붙는 경우가 있으니 되도록 같은 브랜드의 블록

을 여러 개 사는 게 낫다.

자석 타일과 프레임형 자석 블록은 빛을 가지고 놀 수 있냐 없냐가 가장 큰 차이이다. 우리 집은 2층이어서 빛이 오후 3~4시나 되어야 들어오는데 이때 최대한 블록을 넓고 높게 쌓아 해가 드는 거실에 세워두었다. 우리가 쌓아놓은 블록이 마치 스테인드글라스처럼 볕을 통과시켜 바닥을 알록달록 물들이던 모습을 생각하면 미소가 절로 난다. 우리에게 자석 타일 쌓기는 아름다운 추억이자 하루의 중요한 루틴이었다.

많으면 많을수록 좋은 자석 블록
소근육 발달과 창의력 뿜뿜

자석 블록 구매를 고려하고 있다면 다음 3가지를 생각해야 한다. 첫 번째, 기본 크기 타일 사기. 기본 블록보다 크거나 작으면 호환성이 떨어진다. 지안이에게 피카소 타일을 사줄 때 아이가 좋아할지 몰라 미니 치수로 구매했는데 더 많은 조형물을 만들고 싶어 해서 추가로 구매하려고 보니 확장 블록 시리즈가 없고, 기본 치수에 붙일 수도 없어서 기본 크기 블록을 재구매해야만 했다. 그러니 지금 사려는 블록의 치수가 기본 크기인지 꼭 확인해야 한다.

두 번째, 블록 개수가 많은 세트 상품 사기. 최소 100피스를 추천한다. 블록류는 블록 개수가 많을수록 창작물을 다양하게 만들 수 있다. 광고에 나오는 아이 키만 한 건축물을 만들려면 최소 200피스는 필요하다.

세 번째, 추가 구매는 아이 반응에 따르기. 기본 구성 세트는 필수지만, 바퀴가 있거나 돌아가는 구조물이 들었거나 특별한 형태의 조각은 아이가 기본 구성을 좋아하면 나중에 구매하는 것이 좋다.

처음 지안이에게 자석 블록을 사준 시점은 돌 무렵이었다.

이때는 아직 소근육이 완전히 발달하지 않아서 블록의 본래 기능인 만들기 놀이를 할 수 없었다. 하지만 두 돌 즈음에는 스스로 붙이고 쌓아서 형태를 만들게 되었고, 간단하게나마 자신이 원하는 모양으로도 변형했다. 이렇게 만든 모형은 역할 놀이에서 식탁으로도 쓰이고, 집도 되고, 인형을 씻기는 욕조도 되었다. 세 돌을 바라보는 지금은 사각형 블록뿐 아니라 삼각형 블록도 사용해 높은 탑도 만들고, 여러 가지 창의적인 형태로 자석을 붙인다. 아이가 이렇게 노는 모습을 보면 아이의 성장이 절로 느껴진다.

만약 자석 블록을 200퍼센트 활용하고 싶다면 구글에서 'Free Magnetic Tile Printables'을 검색해보자. 자석 타일을 칠교나 탱그램 같은 평면 퍼즐처럼 사용하거나 알파벳이나 숫자 모양으로 만드는 등 여러 가지 활동지를 다운로드할 수 있다.

프레임형 자석 블록인 맥포머스가 유명한 이유는 내구성이 좋고, 자력이 강하기 때문이다. 자석 타일과 달리 면이 뚫린 형태라 아이들도 잡기 쉬우며 도형의 구조를 이해하고 수학의 기초를 다지는 데 도움이 된다고 한다. 면이 막힌 자석 타일로는 주로 건축물을 만드는 반면, 자성이 강한 맥포머스로는 다양한 입체 구조물을 만들 수 있다. 하지만 자석 위치가 달라 자석 타일류와 호환되지는 않는다.

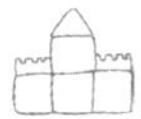

그 외에 최근 눈에 띄는 블록은 '큐브형 자석 블록'이다. 큐브형 자석은 쌓기 나무 블록의 자석 버전인데 크기가 작고 자석끼리 붙을 때 프레임형이나 타일과는 달리 착착 붙는 맛이 있다. 평면 자석을 연결해 3차원으로 만드는 앞의 2가지 블록보다 만들기가 쉬워서 2세 이하 유아도 가지고 놀 수 있다. 휴대가 편해 아이들과 여행할 때 파우치에 넣어 갈 수도 있다. 단, 조각이 작아 반드시 2세트 이상 구매해야 한다.

자석 블록은 굳이 자성이 강한 걸 구매하지 않아도 된다. 자성이 강하면 튼튼한 조형물을 쉽게 조립할 수 있는 반면 떼기가 어렵다. 나는 권장 나이보다 어릴 때 블록을 사줘서 아이의 힘으로도 쉽게 떼고 붙일 수 있는 약한 자성의 블록이 더 맘에 들었다. 그러니 아이의 성향이나 발달 상황에 맞게 블록을 구매하자.

남아는 힘이 좋고 놀잇감을 세게 다루므로 자력이 강한 맥포머스를, 여아는 자성이 약해서 조작이 수월하면서 빛을 통과시키는 감성적인 자석 타일을 추천한다. 3세 이후에는 수 개념을 익히는 데 도움이 되는 '넘버블럭스NumberBLOCKS'라는 영국 애니메이션을 보면서 연계 놀이를 할 수 있고 초등 6학년 수학 쌓기 나무 문제에 대비해 구체물을 만들어보는 큐브형 자석 블록도 충분히 소장 가치가 있다.

책 100번 읽게 만드는 세이펜

목에서 피 맛이 날 때까지 읽어주라고요?

스마트하게 세이펜으로 읽어주세요

지안이가 기어다니던 시절, 친한 언니가 두 돌이 넘은 아들과 함께 집에 놀러 왔다. 교육에 관해선 소극적이었던 나는 그 언니에게 신기한 문물을 소개받았다. '송 카드(전집 목록과 음원을 들을 수 있는 카드 또는 책)'라는 코팅 종이와 귀여운 피규어가 달린 두 종류의 펜이었다. 이 펜을 송 카드에 있는 그림에 대자 펜에서 책 이야기나 노래가 흘러나왔다. 언니는 외출할 때면 아이에게 장난감이나 휴대폰 대신 이 펜과 송 카드를 준다고 했다.

언니는 전집에 포함된 자동차 모양 펜으로 아이에게 음원(책에 나오는 내용을 노래로 만든 것)을 자주 들려주었는데, 이제 아이가 책 내용을 줄줄 외운다고 했다. 그 말에 혹한 나는 언니가 돌아가자마자 폭풍 검색으로 그 전집을 구매했다. 지안이, 서안이는 이 자동차 펜을 아무 책에나 대면 음악이 나오는 장난감인 줄 알았는지 이 책, 저 책을 콕콕 찍으며 정말 오래 가지고 놀았다. 엄마로서는 영상 노출 없이 손쉽게 책을 읽어줄 수 있고, 아이가 책에 흥미를 가지게 된다는 점에서 만족스러웠다. 이후 유아 전집을 몇 가지 더 구매하면서 흥미로운 사실을 알게 되었다. 요즘 대형 출판사에서 출간하는 유아 전집에는 대부분 세이펜 기능이 포함되어 있다는 것이다. 세이펜이 대체 뭐길래 여기저기서 세이펜 타령일까?

세이펜은 아이에게 책을 읽어줄 뿐 아니라 정보, 효과음, 책 내용으로 만든 노래 등 다양한 청각적 상호 작용을 경험하게 해주는 제품이다. 원하는 음악을 세이렉 스티커에 넣어서도 들을 수 있다. 일부 아동 전집 출판사에서는 세이펜 대신 자체 제작한 펜을 사용하기도 한다.

나는 스마트 기기를 좋아하는 얼리어답터지만 책만큼은 활자로 읽어야 한다는 고정관념이 있다. 그래서 아이가 원하면 목에서 피가 날 것 같아도 싫은 내색하지 않고 앉은자리에서

5권이든, 10권이든 읽어주었다. 육아에서 수고를 아끼지 않는 유일한 부분이었다.

1980년대 후반 이후 태어난 사람들은 컴퓨터, 인터넷이 보편화된 IT 환경에서 성장하면서 '디지털 네이티브digital natives'로 자라나 학습을 대하는 태도가 완전히 달라졌다. 휴대폰을 신체의 일부처럼 사용하는 새로운 세대를 '포노 사피엔스phono sapiens'라고 부를 정도다.

사회 환경이 변함에 따라 한국, 영국, 캐나다를 비롯한 세계 각지에서는 유아기부터 코딩을 가르치고 있다. 또한 다양한 미디어를 이해하고 활용함과 동시에 미디어 에티켓도 고려하는 '미디어 리터러시media-literacy'에 주목하고 있다. 요즘 2세 미만 아동의 38퍼센트는 휴대폰으로 미디어에 접근하고 있으며, 4세 전후 유아의 주중 평균 비디오 시청 시간은 4시간이라고 한다. 이처럼 영아기부터 IT 기술에 익숙해진 세대들에게는 양육자가 이를 어떻게 사용하게 할지 균형을 맞춰주는 역할이 요구된다.

아이가 디지털 미디어에 너무 빨리 노출되고, 책 읽는 습관에 좋지 않은 영향을 줄까 봐 세이펜을 살지 말지 망설이는 사람이 많다. 세이펜을 사용해 득이 될지, 실이 될지는 양육자의 사용 방법에 달렸다. 세이펜에 부정적이었던 내가 세이펜을 쓰

면서 이 기계를 어떻게 활용하면 좋을지 정리해보았다.

첫 번째, 함께 읽기. 유아에게 책을 읽어주는 건 아이의 읽기 발달에 중요하다. 책을 읽어주며 그림이나 줄거리, 등장인물에 관해 구체적으로 질문하거나 의견을 나누는 등 자연스러운 대화를 하는 게 효과적인 책 읽기에 도움을 준다고 한다. 그러므로 세이펜만 틀어놓을 게 아니라 부모가 세이펜을 활용해 함께 읽고 대화하며 상호작용을 유도해야 한다.

두 번째, 보조도구로 활용하기. 세이펜과 같은 디지털 기기, 또는 멀티미디어 콘텐츠를 그대로 사용하기보다 책 읽기 보조도구로 사용하면 단점을 피하고 장점을 취할 수 있다. 세이펜을 사용하면 내용과 관련된 정보를 얻을 수 있고, 효과음 덕분에 아이의 독서 흥미를 높이는 데도 도움이 된다.

세 번째, 종이 책처럼 읽기. 효과적인 책 읽기를 위해서는 아이의 속도에 맞춰 천천히 감정을 넣어서 읽어야 한다. 세이펜에는 속도 조절과 반복 듣기 기능이 있으므로 아이가 종이 책처럼 천천히 읽을 수 있다. 특히 영어로 된 책이라면 발음을 확인하고 학습하는 데 도움이 된다.

스마트기기 사용에는 분명 부정적인 영향이 존재한다. 하지만 시대는 변했고, 앞으로 아이들은 다양한 방식으로 더 많은 자료를 활용해 능동적으로 학습해야 한다. 그러기 위해서 종이 책에 쓰인 이야기 외에 세이펜으로 책 속에 숨은 다양한 정보를 얻고, 사물의 소리나 음악을 감상하는 등 적극적으로 미디어를 활용하는 것도 나쁘지 않다고 생각한다.

세이펜, 어떤걸 사야 할까?

그럼에도 여전히 세이펜으로 책을 읽어주는 양육자를 은근히 비난하는 사람도 있을 것이다. 아이들은 반복하는 것을 좋아한다. 좋아하는 책이 있으면 종이가 닳을 때까지 읽고 또 읽는다. 책을 다시 읽을 때마다 한 귀퉁이에서 미처 보지 못했던 작은 그림도 발견하고, 어려워하던 이야기도 더 잘 이해한다. 같은 책을 수십 번 읽어도 흥미로워하는 아이의 얼굴을 보는 것도 재미있다.

하지만 양육자는 다르다. 흥미는 물론 인내심도 금세 떨어진다. 입만 움직이는데 그렇게 힘들 수가 없다. 책을 다 읽는 순간 아이가 "또!"라고 외치면 피곤이 몰려온다. 그러면 "다른 거 읽으면 안 돼?" 또는 "이거 5번이나 읽었잖아. 그만 읽자."라며 타협을 시도한다. 전업맘인 나도 책을 읽어주기가 이리도 힘든데 퇴근하고 온 양육자는 오죽할까. 그래서 양육자 대신 책을

읽어주는 세이펜의 도움이 필요하다. 우리 아이들은 책 읽기보다 책 내용으로 만든 노래를 좋아해서 노래만 모아놓은 책을 갖고 놀기도 했다. 노래는 아이들이 따라 부르기도 쉽고 책 내용을 기억하기에도 좋으니 책에 포함된 콘텐츠를 잘 활용하고 싶다면 세이펜을 추천한다.

오랜 고민 끝에 세이펜을 사기로 마음먹었다면 어떤 모델을 살지 선택해야 한다. 세이펜 공식 판매 사이트를 보면 알겠지만, 생각보다 종류가 많아서 어떤 모델을 살지 고민하다 보면 머리가 지끈거린다. 육퇴(육아 퇴근) 후 소중한 시간을 쇼핑에다 쓸 수는 없으니 내가 경험한 내용을 간략히 정리해보겠다. 기존에 가장 많이 구매하는 모델은 '레인보우펜'과 태극펜'이었는데 태극펜은 단종되고 '태극온펜'과 '레인온펜'이 새로 출시되었다.

블루투스 기능과 용량에만 차이가 있던 태극펜과 달리 신제품에는 학습 기록을 관리하는 핵심 기능이 추가되었다. 개인적으로는 책이 많지 않고, 적당한 가격의 기본형 모델을 찾는다면 레인보우펜을 추천한다. 세이온 앱 기능이 탐나긴 하지만 독서 기록은 세이펜을 작동한 경우에만 남으므로 실질적인 독서량을 가늠하기는 어렵다. 다만 MP3 재생 기능, 이야기 재생 기능 등 더 편리하게 내장 콘텐츠를 이용하게 만든 점은 확실히 장점이다.

세이펜은 양육자가 적극적으로 활용한다면 여러모로 활용도가 높다. 장거리 외출 시 차에서 지겨워하는 아이를 달랠 때, 아이가 좋아하는 음악을 담은 음악 감상, 녹음기로도 쓸 수 있다. 엄마 입을 대신할 용도로 사용한다고 해도 아이가 책 한 번이라도 더 펴보고 만져보며 책과 친숙하게 해준다면 충분히 구매할 가치가 있다.

세이펜 브랜드별 특징

세이펜명	레인보우펜	태극온펜	레인온펜
색상	레드, 오렌지, 그린, 스카이블루, 핑크	빨강, 파랑, 검정	그린, 퍼플, 우드, 레드, 오렌지, 라임, 스카이블루, 핑크
기본 기능	녹음, 반복 재생 기능	녹음, 반복 재생 기능	녹음, 반복 재생 기능
기본 메모리	32GB	64GB	32GB
외장 메모리	O	O	O
속청 기능	6단계	7단계	7단계
블루투스	×	O	O
세이온 앱 연동	×	O	O
데이터를 보내는 TOSS 기능	×	O	O
기타	묵음(세이펜 카드 활용)	잠자리 듣기, MP3 42곡 재생, 이야기 36권 재생	잠자리 듣기, MP3 42곡 재생, 이야기 36권 재생

#세이펜 말하잖아, 기다려!

#아무 데나 찍지 마

#엄마 얼굴도 찍지 마

아이에게 우주를 선물하는 책 육아

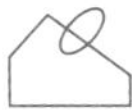

아이에게 책을 읽어주는 건

우주를 선물하는 일

어린 시절을 떠올려보면 나는 '책벌레'라고 불릴 만큼 책을 좋아했던 것 같진 않다. 그래도 창작동화, 전래동화, 세계명작으로 거론되는 책의 대다수를 읽었으니 적게 읽은 편은 아니다. 우리 엄마는 나에게 어떤 책을 사줘야 할지 어떻게 알았을까? 그럼 지금 나는 아이에게 맞는 책을 잘 보여주고 있을까? 아이가 3~4세가 될 때까지 읽으면 좋은 책이 따로 있을까?

요즘은 태교로 그림책이나 영어책을 소리 내서 읽어준다고

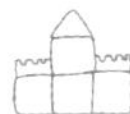

한다. 그만큼 태아에게도 독서가 좋다는 인식이 보편화된 셈이다. 게다가 신생아도 책을 읽을 수 있다. 물론 이때는 그림 중에서 '얼굴'을 보는 것 정도에 불과하지만 말이다. 이제 막 한 달이 된 신생아에게는 잡지나 광고에 실린 인물을 보여주는 것도 좋고, 친숙한 가족의 얼굴을 크게 출력해 만든 책을 보여줘도 좋다. 또 한 살짜리 아이에게 그림을 보여주며 사물의 이름을 알려주는 것도 언어 발달에 도움이 된다.

24개월 즈음의 독서 환경을 보면 최소 2년 후의 지능을 예견할 수 있다고 한다. 2세 무렵의 책 읽기 환경이 지능에 미치는 영향이 꽤 크다는 것이다. 이렇게 책을 일찍 읽혀야 하는 이유를 나열하지 않아도 양육자라면 누구나 내 아이에게 독서 습관을 길러주고 싶을 것이다.

나도 '엄마표 책 육아'라는 말을 알기 전부터 책을 읽어주고 싶은 의욕이 넘치는 엄마였다. 그런데 정작 아이 책에 대해 몰라도 너무 몰랐다. 아이의 발달 단계는 고려하지 않고 그림이 예쁘고 재미있어 보이는 책을 사서 보여주기도 했고, 유명한 그림책 상을 받았다고 해 신생아 때 사뒀는데 아이가 등장인물이 말하는 의미를 완전히 이해하지 못했다는 웃지 못할 에피소드도 있다.

아이 발달에 맞지 않는 책은 아이가 내용을 이해하느냐 마느냐뿐 아니라 물리적인 문제도 있다. 출판사에서는 유아동 서적을 만들 때 물리적 속성까지 모두 고려해 디자인한다. 예를 들어, 돌 전후의 아이들이 읽는 '돌잡이 전집'은 구강기인 아이들이 책을 물고 빨 것에 대비해 콩기름으로 인쇄하고, 책 모서리를 둥글게 가공하며, 책등만 봐도 아이들이 책을 쉽게 찾을 수 있도록 작은 그림을 넣거나 색을 다르게 하는 등 디자인적으로 신경을 쓴다. 3세 미만의 아이들은 글을 읽지 못하기 때문에 이러한 부분을 고려해 책을 고르면 좋다.

이 책 한번 읽어보시겠어요?
평이 좋은 도서 추천

어떤 책이든 미리 사두면 언젠가는 읽는다. 하지만 읽기 전에 책장만 차지하다가 개정판이 나와버리기도 한다. 행여 나 같은 시행착오를 겪지 않고 책을 쉽게 고를 수 있도록 연령별 독서 로드맵을 작성해보았다. 이 로드맵은 0~3세 유아 그림책 관련 서적과 논문들을 참고하고 재조합해 카테고리화한 것이다. 이 책의 주요 대상인 3세 이하의 아이가 읽을 수 있는 책만 추천하려고 했으나 가끔 인지 및 이해력 발달이 빠른

아이가 있고, 3세와 4세의 차이점을 양육자가 알고 책을 고를 수 있도록 4세 아이, 또는 4세부터 읽으면 좋은 책도 함께 넣었다.

주의할 점은 내 아이를 이 로드맵에 끼워 맞추지 말아야 한다. 아이마다 기질과 발달 수준, 미적 감각 등이 다르므로 이 표가 절대적인 기준이 될 수 없다. 이 로드맵은 시기별 맞춤 도서라기보다 아기의 발달 단계상 노출해주면 좋은 도서를 정리한 목적임을 반드시 기억하자.

책 육아를 다룬 서적에서는 추천 도서와 그 이유를 나열해 양육자가 구체적으로 어떤 책을 사야 하는지 알려주는 경우가 많다. 그런데 이런 종류의 책을 몇 권 읽어보니 좋다는 책을 모두 구해서 읽어주기는 쉽지 않았다. 구체적인 추천 도서 리스트는 생각보다 활용하기가 어렵다.

이 책에서는 먼저 책 카테고리를 넓게 나누고 그 안에서 가장 유명한 책 몇 가지만 소개하겠다. 어떤 종류의 책을 읽어줘야 하는지 알고 있으면 이후에는 양육자가 그와 비슷한 책을 고르면서 우리 아이의 취향에 맞는 책을 보는 눈도 길러진다. 이 글을 읽으며 전체적인 유아 도서의 개요를 이해한 뒤 그에 따른 양질의 책을 찾고 싶다면 그때 책 육아만을 다룬 책을 따로 구매해 추천 도서 리스트를 살펴보면 된다.

1~5세 추천 도서 종류

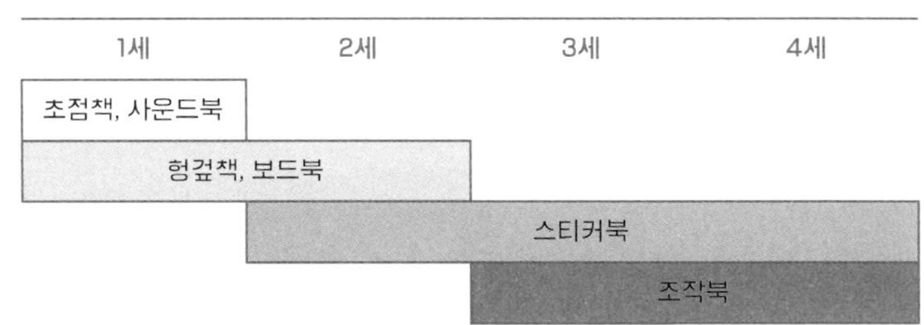

1~5세 추천 도서 주제

1세	2세	3세	4세	5세
까꿍 놀이	일상생활, 사물 인지 그림책		인성, 감성	세계명작, 창작동화, 전래동화, 그림책, 사전, 좋은 습관, 가족, 세밀화 도감, 만들기/종이접기

베드타임북 (1세~2세)
배변 훈련 (2세~3세)

아기 발달에 맞는 책을 찾아라

아기에게 흑백 모빌, 컬러 모빌을 단계별로 보여주듯이 책도 아이의 시력 발달에 맞춰서 보여줘야 한다. 신생아는 우리가 생각하는 것보다 훨씬 시력이 좋지 않다. 출생 후

몇 주간은 초점이 안 맞는 카메라로 보듯 뿌옇고 희미하게 보고, 생후 2개월쯤이 되어야 빨간색을 인식한다. 하지만 이때도 사물이 선명하진 않으며 검은색과 빨간색만 구분할 수 있다. 그러다가 생후 3개월에는 가까이 있는 사물의 전반적인 색상을 인식하면서 양육자의 얼굴을 알아보기도 하고, 빠르면 4개월부터 낯을 가린다. 그런 이유로 시력이 좋지 않은 아기에게 부드러운 파스텔 색상 위주의 책을 보여주는 것은 아이의 두뇌 발달에 도움이 되지 않을 뿐 아니라 형태를 인지하지 못하도록 눈을 가리는 것과 같다.

일러스트레이터 아니타 제람Anita Jeram의 책 『내가 아빠를 얼마나 사랑하는지 아세요?』라는 책을 아는가? 나는 지안이가 백일 무렵일 때부터 이 책을 매일같이 읽어줬다. 아름다운 일러스트에 훌륭한 이야기가 담긴 책이지만, 선이 가늘고 수채화풍의 연한 색상으로 채색되어 시력이 아직 발달하지 않은 신생아에게는 잘 보이지 않았을 거라 생각하니 김이 빠진다.

개념 학습용으로 사용하는 '플랩북', '팝업북'과 같은 '조작북'은 평범한 종이 책에 비해 새로운 사물을 인지하는 학습 효과가 떨어진다. 그래서 그림 속 사물이 실제 사물과 같은 것임을 이해하는 3세부터 보여주는 것이 좋다. 최근 들어 유아 그림책에 조작북이 많이 출시되는데, 아이들이 책 내용을 들으면서 조작을 함께 해야 하는 경우 인지 부하를 느껴 오히려 주의가 산만해질 수 있다고 한다. 단, 언어가 폭발하는 시기인 2세 아이는 팝업북을 보면서 책에 흥미를 느끼게 될 수도 있다.

얼리어답터인 엄마를 둔 지안이는 아주 어릴 때부터 팝업북, 플랩북을 접했다. 초기에는 내가 책을 조작해서 보여주고, 돌이 지나고서는 내 감독하에 책이 망가지지 않도록 주의해서 보게끔 했다. 그래서 지안이의 조작북은 지금까지도 잘 작동한다. 책을 찢거나 함부로 다룰 땐 "책이 '아야' 해서 밴드를 붙여줘야 해."라고 책을 의인화하면 조심히 다루곤 했다.

인성, 감성 그림책은 4세에 읽어주면 좋은데 아이가 어린이집에 일찍 들어간다면 적정 연령보다 1~2년 먼저 읽어주는 것도 좋다. 지안이는 14개월부터 어린이집을 다니면서 18개월쯤 인성, 감성 그림책 중 가장 인기 있는 시리즈인 '추피의 생활 이야기'를 보여주었다. '추피 지옥'이라는 말이 있을 정도로 아이들이 좋아한다는 이 책, 어른이 보기에는 재미없지만 지안이는 매일 10권도 넘게 반복해서 읽을 정도로 반응이 폭발적이었다.

지안이는 이 책을 읽으면서 가정 생활과 친구들과의 관계, 어른에 대한 기본 예의를 간접적으로 배웠다. 그 덕분인지 23개월 차이인 동생을 처음 만난 상황도 더 쉽게 받아들였다. 요즘은 추피 외에 남자아이들을 위한 공룡 캐릭터 인성 동화인 '공

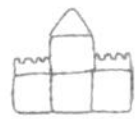

룡 대발이'와 '베베 코알라' 등도 있으니 양육자가 미리 읽어본 뒤 아이에게 맞는 책으로 선택하자. 참고로 추피의 부모는 비교적 엄한 편에 속하는데 자신의 양육 방식이 이와 다르다면 나와 맞는 양육 방식을 가진 책이 있는지 먼저 읽어보고 고르는 것이 좋다.

지안이는 또래에 비해 언어 발달이 빠른 편이어서 창작 그림책은 물론이고, 세계명작 그림책을 26개월에 구매했다. 그런데 막상 책장에 꽂아두니 관심을 보이지 않았다. 그러다가 27개월 즈음부터 갑자기 세계명작을 좋아하게 되더니 '예쁜 언니' 그림이 그려진 공주 이야기를 자꾸 읽어달라고 했다. 안타깝게도 세계명작 동화에는 어린아이가 이해하기 어려운 삶과 죽음, 그리고 선악을 다루는 내용이 많다. 그러니 아이가 보고 싶다고 할 때만 보여주고 그게 아니라면 월령에 맞는 책을 더 많이 보여주는 게 좋다.

세계명작을 너무 일찍 읽은 부작용일까? 지안이는 소꿉놀이를 할 때마다 나에게 독사과를 권하고, 역할 놀이를 하며 누군가 죽었다고 하는 것을 재미있어 한다. 아이에게 어려운 책을 읽어주면 다른 아이보다 앞서나가는 것처럼 보이겠지만 '쉬운 책(텍스트가 단순하고 글이 그림에 잘 묘사된, 1개의 그림에 1~3개의 문장만 제시된, 유아가 자주 접하는 어휘만을 사용하는 등의 요소를 갖춘 책)'을 읽혔을 때 아이들이 더 자발적으로 책을 읽으며, 읽기 능력도 향상된다. 양육자는 아이가 책을 잘 읽는 것보다 좋아하는 것에 목표를 두어야 한다. 아이가 독서를 즐기게 도와주려면 아이의 속도에 맞추어 조금은 느리게 따라가주자.

아이에게 어려운 책인지 쉬운 책인지 알아보려면 수준 높은 책을 보여줬을 때와 기존에 읽던 책을 보여줬을 때의 반응을 살펴야 한다. 지안이는 이해가 잘 되지 않는 어려운 책을 읽어줬을 때 거의 반응을 보이지 않았다. 반대로 자기 수준에 맞는 책은 눈을 반짝이며 이것저것 물어봤다. 수준에 맞는 책을 보여주다가 몇 주가 지난 뒤 다시 한번 어려운 책을 읽어줬을 때 아이의 반응이 달라졌다면 읽기 수준이 올라갔다고 추측하면 된다. 가끔 서점이나 도서관에 들러 여러 책을 보여주며 반응을 살피는 것도 도움이 된다.

마지막으로 3세 미만 아이들에게는 학습 범주에 있는 책을 권하지 않는다. 아이마다 지적 발달의 차이가 크지만 6세 이전의 아이들은 학습을 어렵고 지루하게 여기기 때문에 한글 공부처럼 논리적인 사고가 필요한 학습은 이 시기에 무리다. 남편은 유아를 대상으로 하는 학습에 완강히 반대하는 편이다. 그래서 지안이에게 뭔가 가르쳐주려고 할 때마다 절대 공부 시키지 말라며 쌍수를 들고 반대했다. "여보, 요즘 애들은 달라."라며 반박

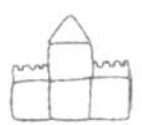

하려 하면 이 시기는 창의성이 향상되는 중요한 시기이므로 자꾸 공부로 창의력을 꺾지 말라며 단호하게 잘랐다. 심지어 한글을 학교에 입학하기 직전에, 혹은 들어간 뒤에 배우면 더 빨리 습득한단다. 이놈의 의사 남편은 이럴 때만 적극적이어서 얄밉다.

하지만 남편 말대로 이 시기의 어린이들은 논리적인 설명에 관심이 없고, 집중력이 낮으며 상상과 현실을 서서히 구분하기 시작하는 때이므로 창의력 증진을 위한 활동을 하도록 도와주는 것이 맞다. 실제로 판타지, 창의적인 것, 이야기를 통해 학습한다고 하니 어쩌겠는가. 오늘도 아이에게 뭔가 가르치고 싶은 내 마음을 꾹꾹 눌러 가라앉혀본다.

집에 있는 책만으로 부족하다면
책 대여 서비스, 진행시켜!

뭔가 잘못되었다. 정말 심사숙고해 책을 조금씩 샀을 뿐인데 어째서인지 우리 집 책장이 책으로 가득 차버렸을까. '아이 책을 더 사고 싶다!'는 생각이 들 때마다 나는 거실을 바라본다. 거실의 비좁은 책장은 충동구매를 막아주는 가장 강력한 동기다.

우리 부부는 아이가 생기기 전부터 첫째가 돌이 될 때까지 집에 최소한의 물건만 들이며 살아왔다. 그런데 아이가 두 돌쯤 되자 성인 한 사람 몫의 짐이 생겼고 둘째까지 생기니 맥시멀리스트가 되었다. 결국 마지막 보루였던 거실 벽면도 아이 물건을 둘 3단 책장에 가려졌다.

처음에는 책장 겸 교구장으로 책뿐 아니라 다른 물건도 예쁘게 진열할 생각이었는데 지안이가 책 읽는 것을 좋아하게 되면서 자연스럽게 책장이 되었다. 집에 있는 책은 벌써 몇 번씩이나 읽어서 새로운 책들을 더 사고 싶은데 이제는 자리가 없다. 집이 32평인데도 이런 상황인데 더 작은 평수에 살면 천장까지 닿는 큰 책장을 사야 할지도 모른다. 만약 책장을 사기 전으로 돌아간다면, 나에게 큰 책장을 사라고 하고 싶다. 그런데 나는 이미 작은 책장을 사버렸고 둘째 때문에 아직 첫째의 책을 처분할 수 없다. 이런 경우에는 어떻게 해야 할까?

도서관은 아주 좋은 선택지가 아니다. 읽고 싶은 책은 대체로 대출 중이거나 구비되어 있지 않으면 기약 없이 기다려야 하기 때문이다. 그렇다면 다른 방법은 없을까? 있다. 요즘은 물품을 소유하지 않고 대여해주고 빌려 쓰는 '공유경제의 시대' 아니던가. 내가 가지고 있는 책과 다른 사람의 책을 서로 빌려

볼 수 있는 서비스, '우리집은 도서관'을 이용해보자. 학년별 필독서 외에도 공공 도서관에서 찾아보기 어려운 영어 원서 동화책도 등록되어 있어 아이에게 다양한 책을 읽힐 수 있다. 도서관과 비교하면 책의 보존 상태도 양호하고 책에 포함된 CD 등의 부속품도 함께 이용할 수 있다. 14~30일까지 빌릴 수 있으며, 대여료를 받고 다른 사람에게 빌려줄 수도 있다. 대여료는 통상 권당 1,000~3,000원 수준으로 이 중 40퍼센트 정도를 책 주인이 가져간다.

나도 첫째에게는 시기가 지났지만 둘째에게 읽어주기에는 아직 이른 책을 등록했다. 알라딘 중고서점처럼 책 등록이 간편하고 당근마켓처럼 직거래도 가능하다. 무엇보다 영어 도서도 대여할 수 있는 게 가장 맘에 들었다.

단행본보다 전집을 대여해서 보고 싶다면 중고서적 거래로 유명한 '개똥이네'의 온라인 매장인 '리틀코리아'의 '전집 대여 서비스'를 사용해보자. 온라인 책 대여 서비스 산업의 시초인 곳으로 대부분의 책을 보유하고 있다. 유사 서비스로는 '똑똑한 부엉이'가 있다. 계속 전집을 사기에는 비용과 공간이 부담스러운 사람에게 딱이다.

아이에게 신간을 포함한 새로운 단행본을 보여주고 싶다면 '아이북랜드', '윙크북스'를 추천한다. 단행본을 1~2주에 한 번씩 구독 및 대여할 수 있는 아이북랜드는 타 대여 서비스보다 책 상태가 나쁜 편이지만 대여 기간과 권수가 일주일에 4권으로 많다. 직접 이용해보니 다양한 종류의 단행본을 꾸준하게 보여줄 수 있어서 매우 만족하며 3년간 이용했다. 윙크북스는 택배를 이용해 매달 10권씩 대여해주는 방식으로 독서 성향에 맞춰 3~6개월 단위로 도서 목록을 업데이트해준다.

자동차나 전동 킥보드를 대여하는 것처럼 이제는 꼭 집에 아이 책을 소장할 필요가 없다. 책을 먹거나 찢는 구강기가 지났다면 책을 대여해서 읽어보자. 전집에 들이는 비용도 절감할 수 있고, 책이 책장을 가득 채워서 집을 넓혀야 하나 고민할 일도 없어진다. 아이에게 책을 원없이 읽어줄 수 있는 것도 장점이다.

나는 집에 있는 책과 단행본 대여만으로는 두 아이의 책 사랑을 채우기에 부족하다는 생각이 들어 전집 놓을 공간을 확보하고, 장난감도 수납하기 위해 둘째가 18개월이 되던 달, 집에 있던 2단 책장을 전부 당근으로 처분하고 3단 책장을 새로 구매했다. 아이의 책장을 구매할 생각이 있다면 나의 사례를 참고해 감당할 수 있는 크기의 책장을 구매하기 바란다.

사고력, 추리력 향상시키는 퍼즐

놀면서 똑똑해지는

최고의 놀잇감, 퍼즐

양육자는 대부분 다른 집 아이가 뭔가에 뛰어나다는 이야기를 들으면 왠지 우리 아이만 뒤처지는 느낌에 노심초사하게 된다. 여기에 쉽게 흔들리지 않을 양육자는 없다고 생각한다. 나도 우리 아이가 이것도 잘했으면 싶고, 저것도 잘했으면 하는 욕심 많은 엄마여서 일찍이 두뇌 발달에 좋다는 퍼즐을 사놓곤 아이가 할 수 있는 때를 기다려왔다. 왜 하필 퍼즐을 사주었냐고 묻는다면 설명하긴 어렵지만, 느낌상 퍼즐을 잘하는 아이는 똑똑하다는 선입견이 있어서다. 무엇보다 남편이 아이들에게 조기 학습은 절대 시키지 말라고 하니 이런 거라도 시켜보자는 마음이기도 했다.

진짜로 퍼즐이 두뇌 발달에 도움이 되는지, 정확히 어느 영역을 발달시키는지 알아보기 위해 퍼즐 종류부터 정리했다. 우리가 흔히 아는 조각의 외곽선이 새겨진 판에 조각을 끼워 맞추는 퍼즐은 어린이용인 '프레임 퍼즐'이다. 성인이 즐겨 하는 퍼즐은 조각만 있고 판이 없는 '판 퍼즐'이다. 요즘 유아 교구 학습지나 전집에 포함된 손잡이가 달린 퍼즐은 보통 '꼭지 퍼즐'이라고 불린다.

퍼즐 종류 및 특징

	퍼즐 종류	조각 개수	대상 연령
1	Knob Puzzle(간단한 도형으로 된 꼭지 퍼즐)	3~8개	2세 미만
2	Chunky Puzzle(꼭지가 없는 두툼한 퍼즐)	4~12개	2세~
3	Peg Puzzle(크기가 작은 꼭지 퍼즐)	8~26개	2/3세~
4	Frame Puzzle(틀이 있는 직소 퍼즐)	9~60개	3/4세~
5	Floor Puzzle(판 퍼즐, 프레임이 없는 직소 퍼즐)	24~100개	6/7세~
6	3D Puzzle(3차원 입체 퍼즐)	100~1000개	초등학교 고학년~

내 아이의 집중력은 몇 분이라고 생각하는가? 한 번도 재보지 않아서 정확히 모르겠지만, 가끔 아이가 좋아하는 장난감을 가지고 노는 걸 보면 10분 정도는 집중하는 것 같다. 빙고! 3세 아이는 한 가지 일에 6~15분 정도 집중할 수 있다. 4세가 되면 8~20분으로 시간이 늘어나지만 이 시기의 아이들은 집중력이 짧은 게 정상이다. 그런데 퍼즐 맞추기는 집중력과 끈기, 인내심을 길러준다고 한다. '아닌데? 우리 아이는 한 조각도 못 맞추고는 안 하겠다고 하던데?'라는 생각이 든다면 수준에 맞지 않는 어려운 퍼즐을 줬을 가능성이 크다. 아이들은 인내심이 부족해서 어려우면 쉽게 포기하고, 너무 쉬우면 집중력을 발달시키지 못한다. 아이에게 맞는 퍼즐 종류를 주고, 단계를 조정하며 성취감을 느끼도록 해줘야 한다.

우리 아이 복합 발달에 좋은 퍼즐 놀이

지안이도 자발적으로 퍼즐을 맞추진 않았다. 내가 종종 권장 연령이 3세인 프레임 퍼즐을 슬쩍 꺼내놓고 같이 하겠냐고 권하면 함께 맞추는 게 전부였다. 아이의 흥미를 돋우기 위해 가장자리에 넣을 가장 쉬운 퍼즐 조각을 건네주며

"이거 양쪽은 평평하고 끝이 둥근 거 보니 여기 아니면, 여기에 들어갈 것 같은데?"라며 거의 정답에 가까운 힌트를 주는데도 완전히 엉뚱한 곳, 심지어 한가운데 대보면서 "여기 같은데?" 라며 진지하게 얘기하기도 했다. 답답해서 알려주고 싶지만, 인내심을 발휘해 "여기가 평평하니까~ 이쪽 어디 아닐까? 아래쪽?" 하며 유도하다가 결국 내가 혼자 퍼즐을 거의 다 맞추고 마지막으로 들고 있는 조각을 아이에게 끼워 완성하도록 했다. 퍼즐 맞추는 것이 이리도 어려운 일이었던가.

그렇다고 너무 아쉬워하지는 말자. 퍼즐을 맞추며 나누는 대화는 아이의 성장 발달에 큰 도움이 된다고 한다. 양육자가 아이에게 퍼즐이 들어갈 방향과 위치에 관한 힌트를 주는 과정에서 아이는 방향 감각과 관련 어휘를 자연스럽게 배운다. 이런 아이들은 그렇지 않은 아이보다 수학 능력이 더 좋다는 연구 결과도 있다.

퍼즐 맞추기는 기억력을 높이는 데도 도움이 된다. 퍼즐에는 보통 아이들이 좋아하는 그림이 그려져 있다. 여러 번 퍼즐을 맞추다 보면 전체 그림과 세세한 모습을 회상하고 떠올리게 된다. 이런 경험이 반복되면 단기 기억이 장기 기억으로 빠르게 전환된다. 아이들은 하나의 퍼즐을 여러 번 맞추므로 기억력을 높이는 데 더없이 좋다. 이 능력을 더 끌어올리려면 난이

도가 잘 맞는 퍼즐을 선택해 제한 시간 내에 맞추도록 해보자. 또 다 맞춘 퍼즐에 어떤 그림이 있었는지 물어보고 맞추는 놀이를 해보자.

양육자의 도움을 받든, 아이 스스로 찾든 한 조각의 퍼즐을 어렵게 제 위치에 넣었을 때 느끼는 기쁨은 말할 수 없이 크다. 아이가 퍼즐을 잘 못 맞출 때마다 양육자는 답답해서 한숨이 나오겠지만, 아이가 다 맞춘 퍼즐을 들고 와서 자랑하면 크게 칭찬해주고 자신감을 북돋아주자. 혹시 퍼즐 놀이를 즐기지 않고 정리가 너무 힘든 양육자라면 퍼즐을 완성된 채로 보관하지 말고 조각만 따로 지퍼백에 담아 두면 빠르게 정리할 수 있으니 참고하기 바란다.

#네가 더 크면

#엄마랑 같이 퍼즐 놀이 하려나?

#빨리 크지 마, 아니 빨리 커, 아니 천천히 커 아니…

온 가족이 즐기는 보드게임

아이도 함께 할 수 있는 보드게임

나는 '선행(先行)'을 좋아한다. 꼭 학습이라는 분야뿐 아니라 뭐든 남들보다 미리 하는 것을 좋아한다. 그래서 3세 아이를 키우면서 마음은 벌써 5세를 달리고 있는 느낌으로 오늘도 미리 무엇이든 사놓는다.

그중에서도 아이와 함께하고 싶어 가장 손꼽아 기다린 건 단연 '보드게임'이다. 남편과 나는 아이가 없는 5년 동안 정말 심심할 날 없이 신나게 놀았다. 둘 다 정적인 활동을 좋아해서 틈만 나면 보드게임을 했다. 그래서 1년에 한 번은 보드게임 박람회에 가서 여러 가지 보드게임을 해보고 재미있었던 것은 사

오기도 했다. 유명한 보드게임 중에는 여럿이 해야 더 재미있는 게임도 많아서 우리는 우스갯소리로 늘 "보드게임 하려면 한 사람이 더 필요해."라며 아이가 필요한 이유를 대곤 했다. 아이가 태어났을 땐 마음이 앞서 아직 10도 셀 줄 모르는 아이와 같이 할 보드게임을 쟁여놓기 시작했다.

'5살도 안 된 아이와 어떻게 보드게임을 해?'라고 생각할지 모르겠다. 하지만 5세 이하 유아를 대상으로 하는 보드게임도 많다. 유아용이어서 규칙이 간단하고 그림이 예쁘며 어른이 해도 재미있다.

지안이는 두 돌쯤 미국에 사는 이모를 통해 'The Sneaky, Snacky Squirrel Game(다람쥐 보드게임)'을 처음 접했다. 이 게임은 아마존에서 2~4세 보드게임 분야에서 10위 안에 드는 인기 게임으로 한국에서도 구매가 가능하다. 다람쥐 모양 집게와 돌림판, 도토리 모형이 들어 있고, 순서대로 돌림판을 돌려 나오는 색깔의 도토리를 가져와 가장 먼저 5가지 색의 도토리를 모은 사람이 이기는 아주 간단한 게임이다. 다람쥐 집게가 귀엽고 견고하며, 도토리 모형도 예뻐서 한때 도토리에 빠져 있던 지안이가 정말 좋아했다.

하지만 아직 세 돌이 안 된 아이는 자기 차례가 되어야 돌림판을 돌리고 도토리를 가져갈 수 있다는 규칙을 이해하지 못했

고, 가끔 돌림판에서 자신이 가진 도토리를 모두 빼앗기는 '바람 부는 구름'이 나올 때는 속상해서 울기까지 했다. 그래도 게임 규칙과 방법을 꾸준히 가르쳐주자 몇 개월 뒤에는 알아서 돌림판을 돌리고 바람 부는 구름이 나와도 깔깔거리며 재미있어 했다.

'게미피케이션gamification'이라고 해서 게임적인 요소로 교육 효과를 높이는 학습용 보드게임도 있지만, 3세 이하의 아이들에게 수학적, 논리적 사고를 기대하기는 어렵다. 또한 이 시기의 아이들은 자기 중심적인 경향이 있어서 게임 규칙을 받아들이고 원만하게 소통하기도 어렵다. 따라서 학습적 요소가 들어간 게임보다는 의사소통, 사회성, 언어 발달에 도움이 되는 게임을 추천한다.

#온 가족이 즐기는 게임

#즐기다가 싸우기도 함

36개월 이전 아이의 보드게임에 관련한 발달(골드버그 발달이정표)

인지 발달	기억해서 활동과 말을 흉내 냄 물건의 크기를 이해하기 시작 양을 인지하기 시작 유사성을 인지하기 시작 분류를 시작 일부분과 전체의 관계를 이해하기 시작
사회성 발달	다른 아이들과 섞여 있는 상황에서 혼자 놀기(함께 놀기 어려움) 물건에 대한 소유욕과 애착을 가짐 자기가 한 것에 자부심을 갖고 남의 도움을 거부(자율성 습득)
언어 발달	복수 개념, 수량 개념 이해 물건의 기능을 설명할 줄 알기 크기, 모양, 색깔로 물건이 분류되는 것을 알기 그림 속의 사물 이름 대기 '무엇', '어디', '언제'를 사용해 질문하기 2단계의 명령을 이해하고 따르기(18개월 이후)

3~4세 아이의 보드게임에 관련한 발달(골드버그 발달이정표)

인지 발달	크기를 이해 공간 관계를 이해 양을 이해 유사성을 이해 분류를 이해 일부분과 전체의 관계를 이해 차이점과 유사점을 사용해서 비교(성별, 성인/어린이 이해 포함)
사회성 발달	여럿이 같이 놀기(단체 놀이)
언어 발달	'텅 빈'과 '꽉 찬' 같은 비교 단어 사용 간단한 문장으로 이야기하기(경험 표현하기, 기억하기, 문장 구성하기)

장 피아제Jean Piaget의 놀이 유형을 수정 및 보완한 스밀란스키Smilansky는 아이들의 놀이 유형을 4가지로 구분하며 지적 발달에 따라 유아의 인지적 놀이 수준도 변화한다고 이야기했다.

1. 기능 놀이

단순 반복적인 신체의 움직임을 나타내는 놀이

---

2. 구성 놀이

구조물 만들기, 그림 그리기, 작품 만들기 등 창조하는 놀이

---

3. 극화 놀이

특정 주제를 가지고 역할을 선택해 상상력을 동원하는 놀이

---

4. 규칙 놀이

규칙에 따라 참여하는 놀이

보드게임은 놀이 중에서도 가장 높은 수준의 놀이 유형에 속하며 대략 2~3세는 기능 놀이를, 4~5세 아이들은 구성 놀이와 극화 놀이를 선호하고, 규칙 놀이는 그 이상이 되어야 참여가 가능하다고 한다.

언어와 인지 발달이 빠른 지안이는 극화 놀이의 일종인 역할 놀이에 푹 빠졌었다. 그러다가 36개월 즈음이 되면서는 규

칙을 이해하고 차례를 지켜서 하는 간단한 보드게임도 즐기게 되었지만 어떤 보드게임이든 오래 집중하지는 못했다. 결국에는 역할 놀이로 바뀌곤 했기 때문이다. 3세는 집중력이 약 10분 가량이고 규칙을 이해하기에는 인지 수준이 낮으므로 당연했다. 누나와 아주 어릴 적부터 줄곧 보드게임을 해왔던 둘째 서안이는 두 돌 즈음에 '소리 탐정' 게임을 즐겼고, 4세가 된 누나와 '공룡은 보석을 좋아해' 게임을 규칙에 맞게 따라 할 정도로 잘했다.

이렇게 발달 수준에 맞는 보드게임에 노출해 보드게임을 즐기는 아이로 만들면 사회 능력이 발달하고 수학적 개념과 사고력 확장, 주의 집중력 등 다양한 능력을 높이는 데 도움이 된다. 또한 보드게임은 미디어 노출을 줄이고 가족과 상호작용을 하도록 만드는 좋은 도구이므로 부모가 자주 놀아주기를 바란다. 다음은 4세 이하를 위한 유아 보드게임 중 인기 있는 제품이나 차별화된 특징을 가진 제품을 추린 것이다.

추천 보드게임

제조사	보드 게임명	연령	게임 방법
마인드웨어	시커부	18개월~	뒤집힌 카드 사이에서 제시된 카드에 있는 사물을 찾는 게임
하바	으샤, 으샤 다 함께 책장 정리	2세~	장난감을 정리하는 협동 게임 구멍에 물건을 넣고 빼는 활동
오차드토이즈	우체통 게임	2세~	같은 색을 찾고 분류하는 활동 색 인지 발달을 돕는 게임
하바	펭귄 가족 달리기 게임	2세~	주사위를 굴리고 나온 수만큼 이동하는 게임 수 개념 발달을 돕는 게임
오차드토이즈	소리 빙고	2세~	소리와 일치하는 그림을 찾는 청각 훈련 게임(직접 소리를 흉내 내거나 앱에서 소리를 들을 수 있음)
오차드토이즈	소리 탐정	3세~	소리를 듣고 알맞은 조각을 찾는 청각 활동 게임 소리 빙고의 3세 버전
하바	과수원 까마귀	3세~	과일을 수확하는 협력 게임
오차드토이즈	곤충 사냥꾼	3세~	숫자가 써진 돌림판을 돌리고 곤충을 완성하는 게임
이부	공룡 메모리 게임	3세~	같은 카드를 찾는 게임 공룡을 좋아한다면 추천
이부	메인스트리트 빙고	3세~	카드를 활용한 빙고 게임 규칙이 간단함
이부	콴텀 코알라 스토리텔링 카드	3세~	카드로 이야기를 만드는 게임 언어 발달을 높이는 활동
드제코	Night-Night kisses	3세~	카드의 지시대로 부모와 스킨십하며 카드를 많이 모으는 게임 잠자리 게임으로 추천

드제코	에듀 게임 로또팜	3세~	룰렛을 돌려 물건을 찾는 게임 촉감을 높여주는 활동
에듀케이셔널 인사이트	The Sneaky, Snacky Squirrel	3세~	룰렛을 돌려 도토리를 모으는 게임
피스풀킹덤	피드 더 우즐	3세~	주사위나 룰렛을 돌려 스낵을 스푼에 올려 우즐 입에 넣어주는 게임

추천한 게임들은 유사한 유형의 다른 게임으로 대체할 수 있다. 게임의 종류를 이해하기 쉽도록 정리했으니 구매에 참고하자.

1. 간단한 색 인지와 수 세기 개념을 학습할 수 있는 요소가 포함된 게임

- '과수원 까마귀', '펭귄 가족 달리기 게임', '우체통 게임', 'The Sneaky Snacky Squerriel', '곤충 사냥꾼'

서로 형태가 다르고 게임 방법도 다르지만 같은 요소를 포함한 게임이다. 가장 기본적인 방식으로 어린아이들도 쉽게 시작할 수 있다.

---

2. 사물을 비교, 구분하고 서로 다른 카테고리끼리 모아 분류하는 활동을 포함한 보드게임

- '으샤, 으샤 다 함께 책장 정리', '메인 스트리트 빙고', '시커부Seek a Boo'

시커부는 어휘력 발달에 추천하는 게임이다. 몸을 움직이는 활동적인 게임으로 18개월부터 할 수 있다. 메인스트리트 빙고는 자신이 가진 것과 같은 종류의 사물을 구분하는 이미지 빙고 게임이다. 이런 종류의 게임은 대부분의 보

드게임 브랜드에 존재하므로 아이가 좋아하는 캐릭터나 주제(공룡, 공주, 농장 등의 주제)에 맞춰 선택하자. 비슷한 종류의 게임으로는 도미노 게임, 메모리 게임이 있다.

---

3. 언어 능력, 어휘력을 향상시킬 수 있는 게임

- '콴텀 코알라 스토리텔링 카드Create a Story Quantum Koalas'

일러스트가 그려진 카드로 자신만의 이야기를 만드는 게임으로 이부의 공식 수입사 공간27에서 동물, 동화, 숲속의 미스터리 등 다양한 주제의 스토리텔링 카드 중 아이의 취향에 따라 골라보자. 나는 이 스토리텔링 카드 게임으로 잠자리에 들기 전 아이와 엉뚱한 이야기를 만들면서 깔깔거리는 시간이 참 좋았다. 언어 발달이 빠른 아이라면 강력 추천.

---

4. 감각을 이용하는 게임

- '소리 빙고First Sounds Lotto', '소리 탐정Sound Detectives', '에듀 게임 로또팜Tactilo Loto'

소리 빙고와 소리 탐정은 청각 자극을, 에듀 게임 로또팜은 촉각 자극을 발달시킬 수 있는 게임이다. 24개월에는 공간 감각, 크기와 길이, 많고 적음, 비슷한 모양끼리의 대응, 비교에 대한 개념이 생기며 36개월에는 사물의 질감, 모양, 크기, 색 등의 속성을 이해하기 시작하므로 촉각 게임도 즐길 수 있다. 두뇌 발달이 활발한 이 시기에는 오감을 골고루 자극하도록 위 게임들을 활용해보자. 소리 탐정 게임은 둘째가 2살 때부터 했는데 꽤 오랫동안 반복해서 즐길 만큼 정말 좋아했다.

5. 애착 발달을 돕는 게임

- 'Night-Night kisses'

스킨십은 유아와 양육자간의 대화 통로다. 그래서 부드럽고 안락한 신체 접촉을 경험한 아이는 부모에 대한 신뢰감과 보호받고 있다는 안정감을 형성해(안정 애착) 능동적으로 환경을 탐색하며 낯선 사람과도 상호작용한다. Night-Night Kisses 게임은 카드에 제시된 다양한 미션을 수행하면서 양육자의 애정을 확인하게 해준다. 귀여운 사람 인형에 폭신한 침대까지 있어 아이가 참 좋아한다.

바른 생활 습관 가르칠 땐 타임 타이머

도둑맞은 집중력을 올려주는

타임 타이머

지안이가 말을 잘하게 된 뒤에 가장 많이 하는 말 1위는 단연 "엄마 놀아주세요."다. 내가 둘째를 돌보고, 집안일을 하느라 놀아주지 못할 때도 이 말을 하지만, 칭얼대는 지안이를 품에 안고 달래는 와중에도 놀아달라고 말한다. 엄마가 온전히 자신에게만 집중하지 못한다는 사실을 알기 때문이다. 그런데 요즘엔 조금이라도 심심하면 이 말이 툭 튀어나오는 걸 봐서는 습관이 된 것 같다. 매일같이 이 말을 들으니 가끔 지안이가 어린이집에 가 있을 때도 "엄마 놀아주세요."라는 환청이

들리기도 한다.

아이가 원할 때마다 실컷 놀아줄 수 있다면 얼마나 좋을까. 정말로 그러고 싶다. 지안이가 신생아였을 때는 요령 없이 아이가 자는 시간에 집안일을 하곤 했다. 그러나 지금은 시간이 날 때마다 짬짬이 집안일을 한다. 그래야 아이들이 잘 때 내 시간을 갖거나 같이 쪽잠을 자며 에너지를 보충해 남은 하루를 보낼 수 있다. 이런 엄마의 상황을 아는지 모르는지 시도 때도 없이 놀아달라는 첫째를 어떻게 달래면 좋을까 고민하던 차에 재미있는 시계를 발견했다.

'타임 타이머Time Timer'는 구글 직원들이 효율적인 업무를 위해 사용하는 시계로 잘 알려져 있다. 이것은 평범한 타이머처럼 정해놓은 시간이 되면 알람이 울리지만 남은 시간을 시각적으로 볼 수 있다는 점에서 차이가 있다. 동그란 시계의 중앙부를 돌려 내가 집중하고 싶은 시간을 설정하면 그만큼의 구간이 특정 색으로 표시되고, 시간이 흐르면서 표시된 구간이 줄어든다.

어릴 적 그렸던 일일 계획표를 생각해보면 이해하기 쉽다. 어떤 일에 집중할 때 이 타이머를 활용하면 시간을 알차게 사용하는 데 도움이 된다. 내가 구매한 버전은 최대 1시간을 설정할 수 있지만 최대 설정 시간, 크기, 모델, 심지어 방수 기능

까지 포함된 다양한 종류가 있다. 손 씻기 타이머로 비누질 5초, 문지르기 20초, 헹굼 5초를 알려주는 '**타임 타이머 워시**Time Timer Wash'도 있다.

전쟁 같은 등원 준비도 평화롭게 만들어주는 타임 타이머

지안이는 아직 3세도 안 되었기 때문에 당연히 시계를 볼 줄 모른다. 하지만 3~5세가 되면 물체의 길이와 크기를 비교할 수 있어서 타임 타이머에 표시된 색의 크기가 작아지고 있다는 건 안다. 지안이처럼 시계를 볼 줄은 모르지만, 주어진 시간의 양을 시각적으로 알려주고 싶을 때 타임 타이머를 사용하면 유용하다.

평소 가족의 루틴을 시간으로 재보자. 밥을 먹는 데 얼마나 걸릴까? 책 1권을 읽는 데 얼마나 걸릴까? 목욕 놀이는 얼마나 했을까? 이럴 때 시간을 재보면 10분이 얼마나 긴 시간인지 몸으로 느낄 수 있다. 주어진 시간의 양을 대충이라도 파악하면 아이들은 그 시간을 견디는 힘을 기를 수 있다. 집중력이 고작 5분 정도인 이 나이대 아이들이 조금 더 인내하도록 돕는 것이다.

분주한 등원 준비 시간, 아이는 떼를 쓰며 집에서 더 놀다 가겠다고 조른다. 아이가 어린이집에 가기 싫다는데 어떻게 해야 하나 마음이 복잡하다. 등원 시간은 점점 다가오고, 아이는 옷을 갈아입을 생각이 없다. 그러면 이 시계를 꺼낸다. 원하는 만큼 돌려보라고 하고 그때까지 충분히 놀아준 뒤에 나갈 준비를 하자고 한다. 시간을 너무 길게 설정하면 등원 시간을 설명하며 적당히 조절해준다. 그리고 알람이 울리기 5분이나 10분 전에 미리 한 번 알려준다. 오늘 아침에도 집에서 놀겠다는 아이에게 이 방법을 써서 등원을 마쳤다. 물론 아이마다 차이가 있겠지만 약간의 심적인 준비가 되도록 도와준다는 것에는 이견이 없을 것이다.

저녁 식사를 준비할 때도 이 타이머는 요긴하게 쓰인다. 식사 준비에 분주한데 배우자가 집에 올 시간은 멀었다. "엄마 놀아주세요."를 연신 외쳐대는 아이에게 30분을 돌려 보여주며 이만큼 기다리면 아빠가 오거나 엄마가 요리를 끝낸다고 설명해줬다. 물론 이렇게 한다고 해서 아이가 "그래요? 그럼 혼자 놀면서 기다릴게요."라며 수긍하진 않는다. 30분이 다 흐를 때까지 계속 쫑알쫑알거리며 내 주변을 서성였지만 말로만 기다리라고 하는 것보다는 훨씬 쉽게 견딘다. 아이는 시계의 빨간

부분을 계속 쳐다보며 “엄마! 조금 줄어들었어요!”라고 외친다. 자기랑 놀아주지 않는다며 보챌 때보다 훨씬 긍정적인 반응이다.

아쉬운 것은 가격이다. 단지 시간을 시각적으로 보여주고 알람을 주는 것뿐인데 무려 4만 원대다. 뭔가 추가되었으면 하는 기능도 많다. 시계로도, 타이머로도 활용할 수 있었으면 좋겠고, 아이가 양육자가 설정한 시간을 건드리지 못하도록 하는 잠금 기능도 있으면 좋겠다.

이 타이머가 유명해지자 유사한 국내 제품도 많이 출시되었다. 기존 타임 타이머의 불편한 점들을 개선하고 합리적인 가격으로 판매하는 제품 몇 가지를 추천한다. 이 제품들은 시간의 크기를 나타내는 부분을 반시계 방향으로 설정했던 기존의 방식에서 시계 방향으로 디자인을 개선했고, 크기가 작고 휴대하기 좋다. 또한 색상도 다양하다. 유사 타이머들을 검색하면 유독 ‘뽀모도로’라고 이름 붙인 타이머가 많다. 뽀모도로pomodoro는 이탈리아어로 토마토라는 뜻인데 이탈리아의 경영컨설턴트 프란체스코 시릴로Francesco Cirillo가 토마토 모양의 타이머로 시간을 관리한 ‘뽀모도로 기법’에 착안해 이름 붙인 것이다. 이 기법은 집중력 향상을 위해 25분 동안 한 가지 일에 전적으로 집중한 뒤 5분간 쉬게 한다. 25분 일하고 5분 쉬는 이

사이클을 '1뽀모도로(30분)'라고 하는데, 이 사이클을 4번 반복하면 15분 이상(보통 30분) 쉬도록 시간을 배분한다.

구글 타임타이머의 단점을 보완한 '에듀플레이어 듀얼타이머'는 60분, 120분 타이머가 양면으로 배치되어있어 활용도가 좋다. 조명 기능도 있어 어두운 곳에서도 시간을 볼 수 있다. '낼나 포커스 온 타이머'는 중간에 시간을 멈추는 일시 정지 기능이 있다. 알람도 정지할 수 있고, 디자인이 세련되어 어른이 쓰기에도 무리가 없다. 시간을 정해놓고 운동, 독서 등 자기계발에 들이는 시간을 짜임새 있게 쓰고 싶다면 사용을 권하고 싶다.

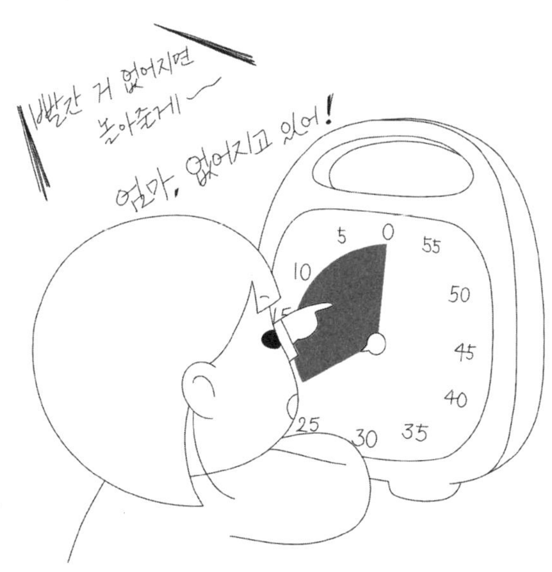

#시간아 흘러라

#육퇴야 빨리 와라

어떤 걸 사지?

고민 해결템

가성비로 꾸미는 아기방 인테리어템

인테리어를 쉽게 하는 방법, 뗐다 붙이는 벽지

결혼 전에 친정엄마와 백화점에 가면 나는 주로 여성 의류나 잡화 매장만 구경하곤 했다. 어쩌다 엄마가 가구, 홈패션, 가전, 키친 웨어를 구경하자고 하면 심드렁한 얼굴로 따라다녔다. 아마 그때는 살림보다 '나'에 더 관심이 많은 시기였으니 그랬을 것이다. 그러던 나도 결혼 후 달라졌다. 하루 대부분을 집에 머물다 보니 인테리어의 세상에 눈을 뜬 것이다. 아이를 낳고 거의 1년간은 외출다운 외출도 하지 못했는데, 그럴수록 집에 대한 관심은 더 커졌다.

실제로 코로나19 팬데믹으로 오랜 시간 집에 머물게 된 사람들이 인테리어에 관심을 가지면서 인테리어 소비가 급증했다고 한다. 아이 키우는 집이 예쁘고 깔끔하기 쉽지 않겠지만 가능하면 집은 양육자 마음에 드는 행복한 공간이 되어야 한다. 집이 예쁘면 육아에 지친 마음을 달랠 수 있고 좋은 에너지를 충전할 수 있다.

요즘 양육자들은 이런 사실을 잘 아는지 아이를 키우면서도 인테리어를 놓치지 않는 것 같다. 인테리어 전문 플랫폼 '오늘의집'에서는 랜선 집들이로 아이 방 인테리어를 구경할 수 있는데 남다른 감각으로 아이 방을 꾸며놓은 사람이 참 많다. 그중에서도 벽에 색상을 넣거나 독특한 벽지를 사용해 방을 꾸민 집이 인기가 많다.

벽지에 변화를 주는 건 번거롭고 돈이 많이 드는 일이라고 생각할 수 있다. 하지만 세 들어 사는 집도 간단하고 저렴하게 벽지를 바꾸는 방법이 있다. '스페이스 테일러SPACE TAILOR'에서는 포스트잇처럼 쉽게 붙였다 뗄 수 있는 벽지를 판매한다. 구매 전 샘플을 신청해 집에 어울리는 색이나 패턴의 벽지를 고른 뒤 치수를 측정해 직접 시공할 수 있고, 잘못 붙여도 다시 붙일 수 있다는 게 장점이다. 인터넷을 살펴보면 혼자서 어렵지 않게 벽지를 붙였다는 후기들이 많다. 떼어내도 자국이 남지 않으니 걱정할 필요도 없다(그래도 집주인과 사전에 이야기하는 게 가장 좋다).

어릴 적 우리 가족은 아버지의 전근 등으로 이사를 여러 번 다녔다. 친정 부모님께서는 나와 여동생이 한방, 그리고 남동생이 또 다른 방을 쓰게 하면서 이사할 때 원하는 벽지를 고르게 해주셨다. 벽지를 고르러 인테리어 가게에 가면 벽지 샘플을 모아 둔 두꺼운 책을 살펴보곤 했었는데 고급스럽고 예쁜 벽지는 대개 비싼 수입지여서 쉽게 선택하지 못했다. 그런데 스페이스 테일러의 벽지들은 국내 생산임에도 하나같이 수입 벽지 못지않은 훌륭한 패턴과 색상을 갖춰 어느 디자인을 선택해야 할지 즐거운 고민에 빠지게 한다. 전체 벽을 패턴으로 도배하기 부담스럽다면 포인트로 한쪽 벽에만 벽지를 붙여 색다른 분위기를 내도 좋다.

'베이비라이크BABYLIKE'에서는 바다 동물, 하트, 무지개 등의 디자인 시트를 원하는 곳에 필요한 만큼만 붙여 장식할 수 있는 벽 스티커 '맘-실MOMSHEET'을 구매할 수 있다. 수채화풍의 일러스트에 차분한 색감이라 어느 집에나 잘 어울릴 만한 스타일이다. '스튜디오 플리엣Studio pliet'에서도 종류는 많지 않지만 벽 데코 스티커와 키 재기 스티커를 묶어서 판매한다.

도배만큼 예쁜 포스터,
감각 있어 보이는 가장 쉬운 방법

포인트 커튼이나 인테리어 포스터로 집을 꾸미는 방법도 있다. 자유로운 드로잉 느낌의 일러스트 스튜디오 '웜그레이테일WARMGREY TAIL'에서는 귀엽고 단순한 동물 일러스트 외에 심플한 패턴의 커튼도 제작한다. 다양한 형태의 가족을 일러스트로 그려내는 '제로퍼제로zero per zero' 포스터도 아이 키우는 집이라면 하나쯤 소장할 만한 아이템이다. 우리 집 부엌에도 여자아이를 안고 있는 아빠의 모습이 담긴 일러스트를 걸어두었더니 밋밋한 흰색 벽에 사랑스러운 포인트가 되었다.

화이트 또는 우드 톤의 아이 방 인테리어에 포인트 커튼을 더하면 방 분위기를 살릴 수 있다. '디플레잉@de_playing', '키티버니포니kittybunnypony', '누키트Nukit'의 귀여운 패턴이 담긴 커튼도 눈여겨볼 만하다. 잔잔한 패턴의 커튼을 원한다면 '메리봉봉merrybonbon'과 '빔빔vimevime'도 살펴보자. 포스터, 커튼, 벽지를 보고 나니 인테리어 아이디어가 샘솟지 않는가? 아이들에게 추억의 예쁜 내 방, 우리 집을 선물하는 방법, 어렵지 않다.

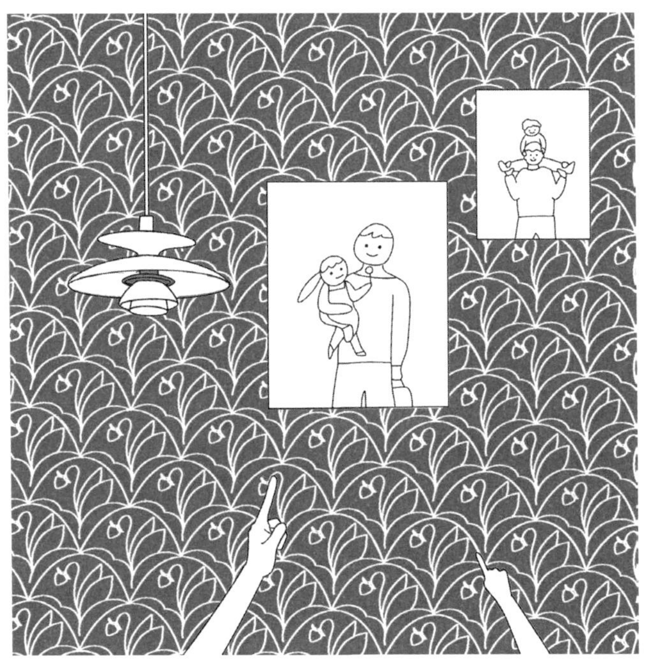

#하나씩 다 있다는

#벽 포스터

#나도 사봄

한 번 사서 오래 쓰는 아기방 가구

유행도 타지 않고 오래 봐도 질리지 않는

아이 방 가구 들이기

외국 영화를 보면 임신한 엄마가 꼭 하는 게 있다. 기쁜 얼굴로 아이 방 꾸며주기. 한국의 주거 공간은 미국에 비해 좁아서 아이에게 방 하나 내주기 어려운 경우가 많다. 하지만 태어날 아이를 기다리며 방을 꾸며주는 건 아마도 모든 양육자의 로망일 것이다.

나와 남편도 처음에는 25평의 방 2개짜리 집에서 방 하나는 침실로, 다른 하나는 드레스룸 겸 작업실로 사용해 아이 방이 따로 없었다. 거실에 매트를 깔아놓고, 장난감을 쌓아두다가 아이가 돌이 지난 뒤 30평대 집으로 이사를 오고 나서 아이 방을 만들어줬다.

아이 방이 생기자 나는 유년 시절에 가지고 싶었던 것들을 어린 나에게 선물하는 마음으로 하나씩 사들였다. 어려서는 여동생과 같은 방을 쓰면서 부모님이 주시는 선택지 내에서만 가구를 골라야 했기 때문이다. 나만의 방을 가진다면 어떻게 꾸밀까? 이 생각을 할 때면 언제나 캐노피나 레이스 커튼이 달린 침대를 떠올렸다. 그래서 딸이 생긴 뒤 나의 오랜 위시 리스트였던 범퍼 침대 겸 플레이 하우스를 들였다. 아이의 키가 자랄 때까지는 침대로 썼고, 그 이후에는 앞쪽 가드를 빼서 놀이 공간으로 알차게 사용했다. 내가 사용했던 모델은 단종되었지만 '쁘띠메종'에서 공주풍 디자인의 캐노피 키즈침대와 플레이 하우스를 판매한다. 단순하면서 독특한 디자인을 원한다면 '쥬다르JEU D'ART'의 플레이 하우스를 고려해볼 것.

아이 방에 없어서는 안 될 필수품은 의류 및 장난감 수납장이다. 실패하지 않는 필승 아이템은 국민 브랜드 모델이지만 이런 대형 가구는 한번 들이면 웬만해서 10년은 족히 써야 하므로 선택에 심혈을 기울였다. 절대 질리지 않는 디자인이면서도 실용적이어야 하고, 그러면서도 아이 방 감성이 살아나는 수납장이 없을까 고민을 거듭했다. 그렇다고 대기업의 AS

를 포기할 수도 없었다. 결국 나는 '일룸iloom'의 '에디키즈 수납장'을 여러 종류로 조합해서 쓰기로 했다. 빨강도 다 같은 빨강이 아니다. 일룸은 채도를 살짝 낮춘 고급스러운 빨강이나 노랑, 크림색 등을 사용해 유명 타 브랜드와 비교하면 색상 조합이 예뻐서 마음에 들었다.

지금 다시 수납장을 산다면 조금 더 과감하게 '리바트LIVART'의 '몰리 키즈 오픈 박스형 수납장'을 선택하고 싶다. 색상이 진하고 튀는 편이지만 명도가 낮아서 어디에나 잘 어울리고, 가로 선반이 있어 안전하고 넓게 쓸 수 있다. 속이 비치는 오픈 박스형 수납장은 수납한 물건이 한눈에 보여서 다른 브랜드의 수납장과 크게 차별된다.

유아 전용 수납장의 서랍은 아이가 여닫을 때 손이 낄 위험이 없고, 모서리도 둥글어 안전하다. 하지만 공간이 협소해 큰 부피의 옷을 수납할 수 없으니 살 때부터 공간이 넉넉한 서랍장을 사는 것도 나쁘지 않다.

크면 클수록 좋은 책장
대안으론 회전 책장도 추천

책장은 무조건 거거익선(巨巨益善)이다. 워낙 부피가 큰 가구여서 처음 들일 때 오래 쓸 생각으로 심사숙고해서 골랐는데 약 2년 만에 거의 새것 같은 책장을 다른 것으로 바꾸었다. 큰 비용을 치르고 나서야 책장은 반드시 큰 것으로 구매해야 한다는 사실을 깨달았다. 책장이 작으면 책을 살 때 신중해진다는 장점(?)이 있지만, 두고두고 읽어주고 싶은 책이 많으므로 무용지물이 된다. 그러니 처음부터 큰 책장을 구매하자.

천장까지 닿는 맞춤 책장이 싫다면 예쁘면서 오래 쓰기 좋은 책장을 찾아보자. 튼튼하면서도 집 안에 포인트가 될 만한 디자인도 고려하면 아주 좋다. 나의 원픽(one pick, 여러 가지 선택지 중에 하나만 꼽을 때 쓰는 신조어)은 '전산시스템'이다. 가격이 꽤 부담스럽다면 'JD홈드레싱'의 책장을 권하고 싶다. 감성적인 가구를 좋아한다면 '바치bacci'의 책장을 추천한다. 예산을 웃돈다면 이보다 저렴한 '우드래빗' 책장을 권한다. 가성비로는 '오노홈' 제품이 최고다.

책장을 들일 공간이 부족하다면 '회전 책장'을 추가하는 것도 방법이다. 세로 길이가 너무 긴 책 외에는 좁은 공간에 꽤 많

은 책을 수납할 수 있다. 특히 '디디다 퍼니쳐'의 '회전 책장'은 디자인도 예뻐서 인테리어 장식용으로도 손색이 없다. 우리 집에 와서 이 책장을 보는 사람마다 예쁘다며 어느 브랜드 제품인지 물어보곤 했다.

책 표지가 바로 보여 아이들이 책에 흥미를 가질 수 있게 해주는 '전면 책장'도 있다. 전면 책장은 배치할 곳에 따라서 책이 잘 보이길 원한다면 '아크리코 아크릴 투명책장'을, 그렇지 않다면 일체감을 위해 책장, 수납장과 같은 브랜드로 선택하자. 집에 공간이 많지 않다면 '아빠차트'를 유리나 벽면에 붙여 사용할 수도 있다.

아기를 키운다고 해서 굳이 감성을 포기하고 실용을 선택하진 않아도 된다. 요즘에는 실용적이면서 감성을 잘 살린 제품도 많다. 아이들이 걷기 시작하면 육아 현장인 집은 조용할 날이 없다. 집이 어지럽혀지고, 장난감들이 나뒹굴 때도 당신이 잘 고른 유아 가구들은 그 자리에서 빛을 내고 있을 것이다.

#실용이냐 공주풍이냐

#모던이냐 비비드냐

#그것이 문제로다

제3의 혼수품,
어린이집 준비물

만만치 않은 등원 준비

똑똑하게 돈 쓰는 법칙

첫째의 어린이집 입소 준비물을 챙기던 때가 기억난다. 엄마가 일거수일투족 돌봐줘야 하는 아기인 줄 알았는데 갑자기 기관에 보내게 되자 학부모가 된 기분이었다. 아이는 아무것도 모르는데 혼자 들뜨고 설레는 마음이 들었다. 아이가 가족 이외의 사회를 만난다는 감격 때문이었는지, 이제 내게도 자유시간이 생긴다는 기대감 때문이었는지는 모르겠다. 아무래도 후자가 컸을 것이다.

기쁜 마음으로 어린이집 준비물 목록을 보았다. 낮잠 이불,

수건, 양치 컵, 칫솔, 수저, 턱받이, 기저귀, 물티슈 등 평범한 것들이었다. 그중 수건은 일반 수건을 사서 이름표를 붙여 들려 보냈다. 다음 날 선생님께서 웃으시며 작은 고리 수건을 준비해달라고 말씀하실 때 느꼈던 당혹스러움이란! 정확히 어떤 수건이 필요한지 검색도 해보지 않은 내 잘못이었다.

어린이집용 수건은 고리 수건 종류로 거즈 원단보다는 일반 타월 소재의 작은 수건을 사용하는 게 좋다. 거즈 원단은 몇 장을 덧대도 타월에 비해 흡수력이 낮고 견고하지 않아 오래 쓸 수 없다. 아이가 소재에 민감한 편이 아니라면 추천하지 않는다. '어린이집 수건'을 검색해 자수로 아이 이름을 새겨 넣을 수 있는 고리형 타월 수건으로 준비하면 된다.

요즘은 어린이집 입소 준비물 목록을 공유해주는 분들이 많아서 나 같은 실수를 거의 하지 않을 것이다. 하지만 아이 둘을 키우는 선배 엄마로서 '어린이집 준비물, 이렇게 챙기면 좋다!'는 팁을 나눠보려고 한다.

아이 준비물을 잘못 챙긴 건 수건뿐만이 아니다. 두고두고 지금까지 미안한 마음이 드는 준비물은 '낮잠 이불'이다. 이것도 제대로 찾아보지 않고 출산 전에 사두었던 면 100퍼센트 작은 이불을 입소할 때부터 2세 반이 될 때까지 사용하게 했다. 그런데 뒤늦게야 그 이불이 아이에게 편한 잠자리가 아니었다

는 걸 알았다.

어느 날 아이가 하원 후에 "엄마, 윤제 이불은 부드럽고 더 폭신폭신해. 나도 그 이불 덮고 싶어."라고 말하는 게 아닌가. 나는 그 말을 듣기 전까지 다른 아이들이 쓰는 낮잠 이불에 관심이 없었다. 다음 날, 아이가 말한 친구의 이불을 선생님께 여쭤보고 곧바로 비슷한 소재와 형태로 된 이불을 사주었다. 지안이가 갖고 싶다던 윤제의 이불은 샤샤 소리가 나는 톡톡한 재질에 도톰하며, 베개와 탈착식인 일체형 이불로 알레르기 방지 기능까지 들어 있었다. 아이도 좋아하고 무게도 크기에 비해 가벼워서 어린이집을 졸업할 때까지 사용하고 둘째도 같은 제품으로 사주었다.

아이 낮잠 이불은 어린이집에 비치해두기에 너무 부담스럽지 않은 크기여야 하고, 접어서 묶은 뒤 담을 가방이 함께 포함된 것을 구매하면 좋다. 이불 가방을 따로 구매하려면 번거롭고 치수도 맞지 않을 수 있기 때문이다. 베개가 이불에 붙어 있는 일체형이면 이불을 챙길 때 베개를 빠뜨리는 일이 없다. 이불에 지퍼가 달려 커버를 벗길 수 있는 구조라면 침낭처럼 쏙 들어가 잘 수도 있고 이불을 정리하기도 쉽다. 너무 두껍거나 얇은 소재는 사계절 내내 사용하기 어려우니 쭉 사용할 만한 적당한 두께로 고르는 것을 추천한다.

'프랑브아즈FRAMBOISE', '메리봉봉', '에콘드echond' '콤마씨comma.c' 낮잠 이불은 유명 브랜드에 비해 잘 알려지지 않았으나 소재나 디자인이 예뻐 눈여겨볼 만하다.

양치 컵은 원마다 자연 건조하거나 자외선 소독기에 넣는 등 관리법이 다르다. 나도 처음에는 이 사실을 모르고 아이가 좋아하는 캐릭터가 그려진 스테인리스 컵을 보냈다가 몇 달 뒤 컵을 교체하는 시기가 왔을 때 바깥 쪽 플라스틱이 누렇게 변한 것을 보고 놀랐던 경험이 있다. 소독기에 넣으면 변색된다는 걸 알고는 있었지만 실제로 보니 기분이 좋지 않았다. 자외선 소독기에 플라스틱을 넣어 소독할 경우 변색이나 변형, 미세플라스틱 누출 등의 문제가 생길 수 있다. 식당에서 스테인리스 컵을 쓰는 이유가 그것이다. 인터넷에서 '각인 스테인리스 양치 컵'을 검색하면 전체가 스테인리스로 된 컵도 있고 그림과 이름을 새겨주는 업체도 있으니 고려해보길 바란다.

수저는 아이가 손에 쥐고 입에 넣기 좋은 크기와 형태의 제품을 구매하면 된다. 하지만 수저통은 고민해볼 필요가 있다. 뚜껑이 분리되는 플라스틱 수저통은 추천하지 않는다. 이와 같은 형태의 수저통은 큰 힘을 주지 않아도 어느 순간 여닫는 부분이 부러지거나 뚜껑이 깨지면서 사용하지 못하게 된다. 또 실리콘 소재를 상자처럼 눌러 닫는 수저통은 종종 어느 한쪽의

이음새가 덜 눌려 열리는 일이 잦다. 그러면 음식물이 다른 물건에 묻게 되니 역시 추천하지 않는다. 가장 오래 쓰고 특별히 문제가 없는 수저통은 지퍼로 여닫는 납작한 형태다. 수저 크기와 상관없이 대부분 잘 들어가고 숟가락, 포크 외에 젓가락까지 넣을 만큼 넉넉한 공간이 장점이다. 웬만해선 망가지지 않지만 자주 여닫고 씻으면 지퍼 끝부분의 비닐이 찢어지기도 한다. 하지만 다른 것에 비해 생각보다 튼튼한 편. 아이만 괜찮다면 식기 세척기에 넣을 수 있는 올 스테인리스 수저통도 좋다.

식사용 턱받이는 의외로 엄마들이 실패하는 아이템 중에 하나다. 3~5월 즈음 하원할 때 선생님께서 엄마들에게 다른 턱받이로 바꿔달라고 하는 모습이 종종 눈에 띄니 말이다. 결론부터 말하자면 재질을 기준으로 턱받이를 살 때는 실리콘을 선택하자. 다만 실리콘은 쉽게 뒤집어지거나 잘 휘어진다. 따라서 실리콘 중에 단단한 편에 속하는 턱받이를 골라 쓰는 게 좋다. 목에 두르는 부분과 목에 닿는 부분이 너무 깊이 파이지 않은 디자인이 좋은데 여러 개의 디자인을 함께 보면 좀 덜 파인 것이 무엇인지 눈에 보인다. '무쉬mushie' 제품처럼 목둘레가 두툼한 디자인이나 '베이비뵨Babybjörn' 턱받이처럼 목둘레를 자유롭게 조절할 수 있는 제품을 고르는 게 좋다.

귀여운 사람들이
생활하는 곳

#네가 언제 이렇게 컸을까

#가슴이 뭉클하지만

#어린이집은 꼬박꼬박 가자

센스 있어 보이는 어린이집 선물템

만 원의 행복, 다이소를 털러(?) 가자

어린이집에서 생일파티를 한다고 한다. 우리 아이들은 3월, 4월로 이른 생이고, 어린이집의 새학기는 3월에 시작하기 때문에 지안이와 서안이는 반에서 거의 첫 번째 생일자였다. 엄마로서 기관에 보낸다는 것 자체가 처음이라 모든 것이 서툰데 생일파티 준비라니…. 그래도 주변에서 많이 주워들어서 케이크 외에 답례품도 완벽하게 준비하기로 마음먹었다. 다른 아이가 준 생일 선물을 본 적이 없었으므로 답례품으로 약 7,000원 상당의 플레이 모빌(당시 지안이가 가장 좋아하던 장난감)을 포장해 원에 보냈다. 그런데 다음 날 아이가 받아 온 선물을 보고 당황했다. 작은 포장지 안에는 탈부착 놀이용스티커와 양말, 작은 클레이 한 통이 들어 있었다. 알고 보니 선생님께서 다른 친구들 부모님에게 3,000원 내외의 작은 선물을 준비해달라고 알림장에 쓰셨다는 것이다. 배보다 배꼽이 더 큰 답례품을 준비한 셈이었다. 답례품을 받고 미안해했을 다른 아이 부모님들을 생각하니 민망했던 기억이 난다.

아이를 둘 키우면서 0~2세 반까지 총 6번의 생일파티를 경험했지만, 여전히 친구들에게 줄 생일 선물을 고르는 일은 쉽지 않다. 하지만 이제는 적어도 실패하지 않는 생일 선물을 고를 만한 경험치가 쌓였다. 고물가 시대에 1만 원도 안 되는 돈으로 친구 생일 선물을 사는 것 자체가 어려운 일이지만 다음 가격대별 추천 선물을 참고해 골라보자.

가격대별 추천 생일 선물

3,000원 내외	5,000원 내외	1만 원 내외
머리끈, 머리핀, 스티커북, 컬러링북, 양말, 칫솔, 밴드, 네임 스티커, 비눗방울	장난감 시계, 자동차 장난감, 공, 거품 목욕볼, 치약, 퍼즐, 유아 반지 세트	요술봉 장난감, 자동차 놀이북, 공룡 피규어, 클레이, 보드게임, 캐릭터 퍼즐

추천 목록 중에서 문구용품은 피하는 게 좋다. 대부분 이미 갖고 있고, 선물로 여러 개를 받아 오면 처치 곤란일 때가 많다. 특히 인터넷에서 포장까지 해서 판매하는 답례품 세트 속 문구들은 질이 안 좋아 사용하기도 애매하다. 칫솔, 치약, 밴드와 같은 위생용품은 아직 어린 나이라도 생일 선물로 받았을 때 좋아할 리 없으니 잘 생각해볼 것.

생일 선물은
내 돈 주고 사기 아까운 것으로

1세부터는 어느 친구가 어떤 선물을 줬었는지 두고두고 기억하기 때문에 반드시 생일 당사자가 좋아할 만한 물건을 선물하는 게 좋다. 첫째가 2세 반일 때는 또래보다 성숙한 친구 생일에 그 친구가 좋아한다는 캐릭터가 그려진 컵을 선물했는데, 마음에 들지 않는다며 대놓고 이야기해서 아이가 속상해한 적도 있었다. 그 이후로 나는 절대 실용품은 선물하지 않는다(엄마가 미안해!). 친한 친구라면 가격에 구애받지 말고 평소 그 친구가 좋아한다는 것을 잘 기억해두었다가 참고해 선물하자. 비싼 거 사줬다고 뭐라 할 사람은 없다.

한 가지 팁을 주자면 어린이집 선생님께 반 친구들의 월별 생일 리스트를 받아 미리 메모해둔 뒤 인터넷에서 보드게임이나 장난감 공동구매를 할 때마다 여러 개 사서 쟁여놓고, 필요할 때 선물하는 것이다. 이러면 급하게 준비하느라 곤란할 일도 없고, 주는 사람과 받는 사람 모두 만족스러운 기분을 느낄 수 있다.

답례품은 어렵게 생각하지 말고 어린이집 생일 선물 기준보다 약간 낮은 가격으로 준비하되 장난감류보다는 간식이나 유아용 음료, 네임 스티커, 수건이나 양말을 준비하면 좋다. 아이가 좋아하는 선물, 답례품을 받아 오면 감사 인사라도 한마디 더 건네게 되더라. 부디 당신은 생일 선물 미션에 성공하길 바란다.

#이런 것도 챙겨야 하는 줄

#예전엔 미처 몰랐지요

#꼭 알아두세요

부록

· 연령별 구매 물품 체크 리스트

· 외출 시 필요한 물품 체크 리스트

· 여행 시 필요한 물품 체크 리스트

#잘 들인 육템 하나

#열 남편 안 부럽다

아이의 연령에 맞춰 구비하면 좋은 물건과
외출, 여행갈 때 챙겨야 할 것을 정리했습니다.
내용을 참고하여 즐거운 육아, 즐거운 외출이 되길 바랍니다.

연령별 구매 물품 체크 리스트

준비물 \ 개월	1	2	3	4	5	6	7	8	9	10	11	12	13	14	15	16	17	18	19	20	21	22	23	24	25	26	27	28	29	30	31	32	33	34	35	36
속싸개	■	■																																		
생후 2개월 이후에 속싸개를 싸놓는 것은 대근육 발달에 방해가 됨																																				
뒤보기 카시트	■	■	■	■	■	■	■	■	■	■	■	■																								
앞보기 카시트													■	■	■	■	■	■	■	■	■	■	■	■	■	■	■	■	■	■	■	■	■	■	■	■
아이의 몸무게가 10kg 미만이거나 1세 미만이면 카시트를 반드시 뒷좌석에 뒤를 보도록 장착해야 함																																				
노리개 젖꼭지	■	■	■	■	■	■	■	■	■	■	■	■																								
이가 나기 시작하면 끊는 것이 좋고, 돌 전에는 반드시 사용을 중지해야 함																																				
흑백 모빌	■	■																																		
컬러 모빌		■	■																																	
생후 2개월 즈음부터 색깔 구별이 가능함																																				
범보 의자				■	■	■	■	■	■	■	■	■																								
목을 가누기 시작하면서부터 걷기 전까지 사용 가능																																				
보행기						■	■	■	■	■	■																									
소서						■	■	■	■	■	■																									
목을 가누고 다리에 힘이 있는 6개월 정도부터 사용 가능, 걷기 시작하면서부터는 사용하지 않는 것이 좋음																																				
손가락 칫솔						■	■	■	■	■	■	■																								
되도록 짧은 기간 동안 칫솔에 익숙해질 때까지만 사용																																				
불소 치약						■	■	■	■	■	■	■	■	■	■	■	■	■	■	■	■	■	■	■	■	■	■	■	■	■	■	■	■	■	■	■
유치가 나기 시작하는 6개월 정도부터 1000~1500ppm의 불소 치약 사용(3세 미만: 쌀알 크기, 3세 이상: 콩알 크기만큼)																																				
유아용 마스크																								■	■	■	■	■	■	■	■	■	■	■	■	■
만 2세 이하의 아이는 호흡 곤란이 올 수 있으며 호흡 곤란 시 스스로 마스크를 벗지 못할 위험이 있음																																				
걸음마 보조기										■	■	■																								
다리에 힘이 생겨 잡고 일어서며 걷고자 할 때부터 사용																																				
유아용 선크림						■	■	■	■	■	■	■	■	■	■	■	■	■	■	■	■	■	■	■	■	■	■	■	■	■	■	■	■	■	■	■
자외선에 과다 노출될 경우 다양한 피부 문제가 발생할 확률이 높아짐																																				
스마트기기																								■	■	■	■	■	■	■	■	■	■	■	■	■
언어 발달에 꼭 필요한 부모와의 상호작용을 방해할 수 있으니 24개월 이전에는 최대한 노출을 줄여야 함																																				
이유식 용품						■	■	■	■	■	■	■																								
초기: 6~7 , 중기: 8~9, 후기: 10~12개월																																				
컵									■	■	■	■	■	■	■	■	■	■	■	■	■	■	■	■	■	■	■	■	■	■	■	■	■	■	■	■
돌이 되기 전부터 컵을 사용하도록 훈련시켜 돌경에는 분유병을 떼도록 해야 함																																				

[마실용]

	준비물	체크란
1	물티슈	
2	기저귀(약 3~4개)	
3	가제 손수건(3~4개)	
4	분유	
5	끓여서 식힌 물	
6	아기 과자	
7	기저귀 패드	
8	아기 장난감(튤립 사운드북, 핑크퐁 패드 등)	
9	노리개 젖꼭지, 노리개 젖꼭지 클립	
10	치발기	
11	휴지(배변 훈련 시)	
12	이불(계절별로 맞는 두께)	
13	아기띠	

여행 시 필요한 물품 체크 리스트

[여행용]

	준비물	체크란
1	물티슈	
2	기저귀(7~9개)	
3	가제 손수건(5~7개)	
4	분유(통째로 가져가는 것이 안전)	
5	끓여서 식힌 물(외부 이동 시 필요한 2~3회 분량)	
6	아기 과자	
7	기저귀 패드	
8	방수 패드(잠자리용)	
9	아기 장난감(책, 애착 인형 등)	
10	노리개 젖꼭지(2개 이상), 노리개 젖꼭지 클립	
11	치발기	
12	분유 포트	
13	젖병 집게(열탕 소독용)	
14	젖꼭지 솔(크기가 작아서 여행 시 사용하면 좋음)	
15	유아용 주방 세제(작은 용기에 소분)	
16	아기 로션	
17	턱받이	
18	유아용 수저	
19	이유식과 보냉가방	
20	베이비 보디 샤워, 샴푸	
21	아기 수건	
22	이불(계절별로 맞는 두께)	
23	여벌 옷(2~3벌/1박)	
24	아기띠	
25	유축기	

epilogue

내일도 육아하는 당신에게

결혼하면 아기는 금방 생기는 줄 알았다. 그래서 남편이 제주도에 두 달간 파견근무를 갔을 때 나도 따라가겠노라며 대학원까지 졸업하고 하던 일을 그만둬버렸다. 그런데 남편이 바쁜 레지던트였던 탓에 결혼 5년 차가 되어서야 아기가 생겼다. 새로운 것을 배우고 일 벌이기 좋아하던 나는 첫째를 낳고 2년이 채 지나지 않아 둘째까지 생기는 바람에 쉼 없는 육아에 지쳐 번아웃이 왔다.

글을 쓰기 시작한 것은 둘째가 목을 겨우 가누던 4개월 무렵이었다. 책을 쓰고 있다고 하면 주변 사람들은 어떻게 그때 육아 아닌 다른 일을 할 수 있냐고 질문을 했다. 시어머니나 친정

엄마가 아이를 봐주냐는 질문과 함께. 양가 어머님들이 육아를 도와주신 건 사실이다. 그렇다고 해도 책을 쓸 수 있는 나만의 시간을 내기는 어려워 원고를 쓰는 데 1년이나 걸렸다.

첫째를 어린이집에 보내고 둘째를 재우고 난 뒤, 둘째에게 새벽 수유를 하려고 깰 때마다 잠깐이라도 틈이 나면 글을 쓰려고 컴퓨터로 달려갔다. 체력이 좋아서도 아니고 글에 뛰어난 재능이 있어서도 아니었다. 단지 육아만 하려니 비생산적인 삶을 사는 것 같아 깊은 우울감에 빠졌기 때문이다. 글을 쓸 때는 잠이 부족해 다크 서클도 생길 만큼 육체적으로 힘들었지만, 글을 쓰고 난 뒤에는 아이들을 돌보고 일상을 살아갈 힘이 생겼다.

이 책에 언급한 육아템은 소아청소년과 의사인 남편을 비롯한 해당 분야 전문가의 의견을 반영해 가장 신뢰도 높은 제품 자료만을 모아 예비 소비자 관점에서 이해하기 쉽게 정리하려고 노력했다. 그러니 글 속에서 가끔 툭툭 튀어나와 딴지를 거는 소아청소년과 의사를 만나더라도 쉽게 지나치지 않기를 바란다. 남편은 책에 관여하기 싫다고 했지만, 객관적이면서 바른 정보를 전달하기 위해 억지로 붙잡아 약 한 달간 감수를 맡겼다. 의외로 우리가 알아야 하는 가장 중요한 정보는 의사가 말하는 그렇고 그런 뻔한 이야기나 사용 설명서에 있다. 앞으로도 인스타그램 계정(@dotori2_mom)에서 책에 수록된 육아템을 비롯해 미처 전하지 못한 이야기나 육아용품 관련 자료를 업로드할 예정이므로 그곳에서 다시 만나길 바란다.

마지막으로 이 글을 쓰면서 육아를 다시 배운 것 같아 이것만으로도 충분히 만족하지만 초보 양육자가 혼란스러운 육아 세계에서 올바른 정보를 접하는 용도로 쓰인다면 큰 영광일 것이다. 더 나아가 내가 추천한 육아템들을 활용해 고단한 육아 시간을 건강하고 행복한 시간으로 바꾸게 된다면 더 바랄 게 없을 듯하다.

참고문헌

PART 1

1. National Center on Shaken Baby Syndrome

2. 카시트의 안전, 종류에 관한 내용은 네이버 카페 '아이와 차(cafe.naver.com/iwacha)'를 참고하여 작성했다. 이 카페의 주인은 자동차 업계에 있었던 카페 주인이 카시트에 대한 정보를 공유하고자 운영하는 곳으로 객관적인 지표와 비판적인 시각으로 카시트와 교통 문화, 안전에 관해 심도 있게 다루고 있다.
「Keep Child Passengers Safe on the Road」, Centers for Disease Control and Prevent, 2022.10.14 기사와 「Car seats: Information for Families」, healthychildren.org, 2024.02.26 기사도 참고했다.

3. 박규리 기자, 「노후된 바닥매트, 유해 환경호르몬 범벅」, 뉴스클레임, 2022.05.04.

4. 권정두 기자, 「크림하우스, 친환경인증 취소처분 취소… 환경산업기술원 상대 '승소'」, 시사위크, 2019.02.15

5. Scott A Hong, Duaa Kuziez, Nikhil Das, Dave Harris, Joseph D Brunworth, 「Hazardous sound outputs of white noise devices intended for infants」, 『International Journal of Pediatric Otorhinolaryngology』, 146, 2021.07

6. Sarah C. Hugh, Nikolaus E. Wolter, Evan J. Propst, Karen A. Gordon, Sharon L. Cushing, Blake C. Papsin, 「Infant Sleep Machines and Hazardous Sound Pressure Levels」, 『PEDIATRICS』, 133(4), 2014.04.01

7. ASSOCIATED AUDIOLOGISTS, 「Infant Sound Machines—Is There Any Danger to Hearing?」, 'www.hearingyourbest.com/infant-sound-machines-is-there-any-danger-to-hearing/'

8. 「Recommendations for Parents/Caregivers About the Use of Baby Products」, U.S. FOOD&DRUG ADMINISTRATION, 2023.05.03

9. Anthony Porto, Md, MPH, FAAP, 「What is the safest sleep solution for my baby with reflux?」, healthychildren.org, 2021.11.30

10. 「AAP Statement on Passage of the Safe Sleep for Babies Act」, American Academy of

Pediatrics, 2022.05.04

11. Claudia Tanner, 「Mothercare, Tesco, John Lewis and eBay ban popular baby positioners following health watchdog warning over suffocation after 12 newborns die in the US」, Daily Mail, 2017.10.27

12. Consumer Product Safety Commission, 「The Boppy Company Recalls Over 3 Million Original Newborn Loungers, Boppy Preferred Newborn Loungers and Pottery Barn Kids Boppy Newborn Loungers After 8 Infant Deaths; Suffocation Risk」

13. Dunzhu Li, Yunhong Shi, Luming Yang, Liwen Xiao, Daniel K. Kehoe, Yurii K. Gun'ko, John J. Boland & Jing Jing Wang, 「Microplastic release from the degradation of polypropylene feeding bottles during infant formula preparation」, 『nature food』, 2020.10.19

14. World Health Organization, 「How to prepare formula for bottle-feeding at home」, 2007

15. Mi-Kyung Song, Dong Im Kim, and Kyuhong Lee, 「Kathon Induces Fibrotic Inflammation in Lungs: The First Animal Study Revealing a Causal Relationship between Humidifier Disinfectant Exposure and Eosinophil and Th2-Mediated Fibrosis Induction」, 『Molecules 25』, no.20, 2020, p.4684

16. 박은정 저, 『햇빛도 때로는 독이 된다』, 경희대학교출판문화원(경희대학교출판부), 2022.02.15

17. Silva, Mihiri J et al. 「Genetic and Early-Life Environmental Influences on Dental Caries Risk: A Twin Study」, 『Pediatrics』, vol. 143,5, 2019, e20183499.

18. 김정욱·이은진, 「치아우식의 유전적 요소 분석: Review of Genetic influence on dental caries」, 서울대학교 치의학대학원 학위논문, 2015. 02

19. 김재곤, 「비전염성 질환으로서 치아우식증에 대한 예방 전략」, 『대한소아치과학회지』, 제50권 2호, 2023, pp.131-141

20. 이경숙·신의진·전연진·박진아, 「한국 유아 행동문제의 경향과 특성: 서울 지역을 중심으로」, 『한국심리학회지: 발달』, 2004

21. 강지현·오경자, 「유아기 내재화 및 외현화 문제행동에 대한 연령, 기질과 양육행동의 영향에 있어서의 성차」, 『한국심리학회지: 여성』, 2011

22. 김정림, 「유아의 문제행동과 의사소통능력의 관계」, 『영유아교육.보육연구』, 제11권 2호, 2018

23. Castilho, Silvia Diez, and Marco Antônio Mendes Rocha. 「Pacifier habit: history and multidisciplinary view」, 『Jornal de pediatria』, vol. 85,6, 2009, pp.480-489.

24. American Academy of Pediatric Dentistry, 「Policy on pacifiers」, 『The Reference

Manual of Pediatric Dentistry』, 2023, pp.77-80.

25. Shelov, S. P., & Hannemann, R. E., 『Caring for Your Baby and Young Child: Birth to Age 5. The Complete and Authoritative Guide』, Bantam Books, 1993

26. Sims, Ariel & Chounthirath, Thitphalak & Yang, Jingzhen & Michaels, Nichole & Smith, Gary. 「Infant Walker-Related Injuries in the United States」, 『Pediatrics』, 2018, p.142

27. DeLoache, J. S., 「Dual representation and young children's use of scale models」, 『Child development』, 71(2), 2000, pp.329-338

28. 박찬형·이종희, 「표상적 관계에 대한 영유아의 이해와 발달」『아동학회지』, 32(1), 51-69, 2011.

29. 박영신, 「유아들의 복사물체의 상징적 기능에 대한 이해」, 『한국심리학회지: 발달』, 제20권 2호, 2007, pp.39-57

30. Goodman, N. B., Wheeler, A. J., Paevere, P. J., Agosti, G., Nematollahi, N., & Steinemann, A., 「Emissions from dryer vents during use of fragranced and fragrance-free laundry products」, 『Air Quality, Atmosphere & Health』, 12(3), 2019, pp.289-295

31. Menon, R., & Porteous, C., 『Design guide: Healthy low energy home launderin』, 2012

32. 김경·윤기현, 「아기띠 착용 방법이 신체정렬에 미치는 영향」, 『대한물리의학회지』, 제8권 2호, 2013, pp.193-200

33. Azaman, Aizreena & Isa, N.A.M. & Mat Dzahir, Mohd Azuwan & Xiang, K.K. 「Effects of baby carrier on wearer's posture stability」, 『Journal of Mechanical Engineering』, 2017, pp.107-118

34. Yu, Yeon & Lee, Ki-Kwang & Lee, Jung & Kim, Suk., 「Effects of Transporting a Baby with Varied Baby Carriers on the Posture of Mother during Gait」, 『The Asian Journal of Kinesiology』, 제20권, 2018, pp.45-51

35. 이희란·홍경화, 「아기띠 착용방법과 종류에 따른 척추형태의 변화」, 『Korean Journal of Human Ecology』, 제26권 5호, 2017, pp.435-444

36. 이희란·이예진, 「아기띠 개발을 위한 착용만족감 및 주관적 피로도 평가」, 『한국생활과학회』, 제26권 4호, 2017, pp. 313-326

1. 서희전, 「디지털 시대의 유아 미디어 리터러시 교육의 방향」, 『한국어린이미디어학회 학술대회 자료집』, 2018.12, pp.23-52.

2. 이문옥, 「부모-유아의 책읽기와 유아의 읽기발달에 관한 고찰」, 『교육연구』, 제33권, 1999, pp.121-142

3. 마이크 브룩스·존 래서 공저, 『포노 사피엔스 어떻게 키울 것인가』, 21세기북스, 2021

4. Hasson, E. A, 「"Reading" with infants and toddlers」, 『Day Care and Early Education』, 19(1), 1991.09. pp.35-37.

5. 황선영, 「"쉬운책" 읽기가 유아의 책읽기 시도와 읽기발달에 미치는 영향」, 『한국아동교육학회』, 제9권 1호, 2000, p.159

6. 이재철, 「좋은 책 어떻게 고르나: 어린이를 위한 책을 고르는 姿勢와 要領」, 『아동문학평론사』, 제22권 1호, 1997.03, pp.51-72

7. 김선옥·윤정빈·지은주·유승희, 「유아의 연령과 성에 따른 그림책 선호 경향」, 『열린유아교육연구』, 제11권 6호, 2006.12, pp.291-318

8. Tare, M., Chiong, C., Ganea, P., & DeLoache, J, 「Less is more: How manipulative features affect children's learning from picture books」, 『Journal of applied developmental psychology』, 31(5), 2010, pp.395-400

9. Levine, S. C., Ratliff, K. R., Huttenlocher, J., & Cannon, J, 「Early puzzle play: a predictor of preschoolers' spatial transformation skill.」, 『Developmental psychology』, 48(2), 2012, pp.530-542

10. 신은수 외, 『놀이와 유아』, 이화여자대학교, 2002

11. 김수정, 「영아기 애착발달에 대한 이론적 탐색」, 『아동복지연구』, 2006, 4(4), pp.175-187

12. 장휘숙, 「애착과 애착의 발달」, 『소아청소년정신의학』, 2004, 15(1), pp.16-27

13. 정보인 외 공저, 『0-5세 발달단계별 놀이 프로그램』, 교육과학사, 2000

0~36개월 육아용품

초판 1쇄 인쇄 2024년 4월 1일
초판 1쇄 발행 2024년 4월 8일

지은이 윤유정

대표 장선희 **총괄** 이영철
책임편집 정시아 **교정·교열** 조유진
기획편집 현미나, 한이슬, 오향림
책임디자인 김효숙 **디자인** 최아영
마케팅 최의범, 김현진, 김경률
경영관리 전선애

펴낸곳 서사원 **출판등록** 제2023-000199호
주소 서울시 마포구 성암로 330 DMC첨단산업센터 713호
전화 02-898-8778 **팩스** 02-6008-1673
이메일 cr@seosawon.com
네이버 포스트 post.naver.com/seosawon
페이스북 www.facebook.com/seosawon
인스타그램 www.instagram.com/seosawon

ISBN 979-11-6822-277-9 13590